土工袋基础减隔震技术

刘斯宏　鲁　洋　沈超敏　方斌昕　著

黄河水利出版社

·郑 州·

内 容 提 要

本书较为全面、系统地研究了土工袋基础减隔震原理及性能,集中体现了作者近年来关于土工袋基础减隔震方面的研究成果。首先介绍了土工袋承载、阻尼消能特性,接着采用理论分析、数值模拟和模型试验等综合手段对土工袋减隔震机制进行了阐述,在此基础上提出土工袋减隔震设计与计算方法;最后介绍了土工袋减隔振技术在道路、房屋基础等工程中的现场试验与应用示范。这些内容不仅能够促进土工袋技术及减隔震结构的学术理论发展,而且可以为经济环保型减隔震工程领域提供一个新的技术参考思路。

本书可供建筑、水利、交通等行业从事基础减隔震工程相关工作的科研、设计人员和研究生阅读参考,也可以作为大专院校相关专业高年级本科生扩展知识面用书。

图书在版编目(CIP)数据

土工袋基础减隔震技术/刘斯宏等著. —郑州:
黄河水利出版社,2022.10
ISBN 978-7-5509-3417-7

Ⅰ.①土… Ⅱ.①刘… Ⅲ.①土建织物-地震预防-技术 Ⅳ.①TS106.6

中国版本图书馆 CIP 数据核字(2022)第 213265 号

组稿编辑:王路平 电话:0371-66022212 E-mail:hhslwlp@126.com
     田丽萍   66025553   912810592@qq.com

出 版 社:黄河水利出版社   网址:www.yrcp.com
     地址:河南省郑州市顺河路黄委会综合楼 14 层 邮政编码:450003
发行单位:黄河水利出版社
     发行部电话:0371-66026940、66050550、66028024、66022620(传真)
     E-mail:hhslcbs@126.com
承印单位:河南瑞之光印刷股份有限公司
开本:890 mm×1 240 mm 1/32
印张:8.5
字数:250 千字
版次:2022 年 10 月第 1 版   印次:2022 年 10 月第 1 次印刷

定价:80.00 元

前 言

中国东部濒临环太平洋地震带,西部和西南部经过欧亚地震带,地处世界上两个最活跃的地震带之间。地震多、强度大、分布广、灾害重是我国的基本国情,历史上多次重大地震、特大地震造成了重大人员伤亡和财产损失。因此,大力研发防震减灾技术一直受到国家和社会各界的高度重视。传统的建筑抗震技术以保证结构本身具有足够的强度、刚度和延性为主旨,使建筑做到"小震不坏、中震可修、大震不倒",从而减轻地震灾害。随着经济社会的发展,采用传统的抗震设计方法,难以减少地震对室内装修和内部非结构构件造成破坏的问题,不能充分适应现代减震防灾工程的现实需求。基础减隔震技术,作为一项新的建筑防灾减灾技术,随着时代萌生并逐渐发展起来。

基础减隔震是在基础与上部结构之间设置隔震装置,通过延长周期、吸收能量及绝缘等方法来隔离地震能量向上部结构的传播,以达到减小结构地震反应的目的,大量实践证明这是一种非常有效的减震防灾措施。隔震技术中代表性的夹层橡胶支座隔震体系目前已相对成熟,进入实用化阶段,但在推广应用方面尚面临造价偏高的问题,因此较难在广大的村镇民居中得到大范围推广。近年来,我国的地震破坏工程调查分析结果表明:受震害严重、数量较多的往往是广大村镇中的普通民居房屋建筑,提高村镇民居防震能力是抗震减灾的重大基础性工作。为此,本书提出采用土工袋作为一种基础减隔震材料,该材料具有价格低廉的优点,在广大村镇中、低层房屋建筑的基础减隔震中具有广阔的推广应用潜力。

作者团队长期从事土工袋技术领域的试验、理论、设计计算方面的研究工作。本书是作者近年来在土工袋基础减隔震技术方面的阶段性总结,主要包括以下几个方面的内容:第 1 章主要介绍减隔震技术的背景、原理及发展现状;第 2 章主要介绍土工袋承载特性及减震消能机制;第 3 章主要介绍一系列验证土工袋垫层减隔震效果和机制的振动台模型试验;第 4 章主要介绍土工袋基础减隔震的结构设计要求和计算方法;第 5 章主要介绍土工袋减隔震技术在沟槽回填、交通基础减振降噪,以及房屋基础减隔振等工程的现场案例与示范应用。全书由团队负责人刘斯宏总体策划,由刘斯宏、鲁洋、沈超敏、方斌昕共同撰写。全书各章节由刘斯宏进行校正和统稿。

衷心感谢河海大学土木水利优势学科平台对作者研究工作的长期支持! 感谢日本广岛大学山本春行教授、荷兰特温特大学程宏旸博士在土工袋减隔震技术研究方面的合作! 感谢宁波大学盛涛博士提供了本书第 5 章土工袋技术在地铁邻近建筑减隔振的应用案例! 团队已毕业和在读研究生王艳巧、高军军、贾凡、李玲君、陈笑林、廖洁、高娇容、金远征、陈爽、李博文等在土工袋动力特性方面开展了一些研究工作,在此谨表谢忱! 本书的部分研究成果得到了国家重点研发计划政府间国际科技创新合作重点专项(2017YFE0128900)和国家自然科学基金项目(52109123)的资助,在此表示衷心的感谢!

限于作者的水平和工作的局限性,书中不足之处在所难免,恳请广大读者批评指正。

作 者

2022 年 8 月

目　录

前　言

第1章　绪　论 ……………………………………………… (1)

  1.1　背　景 ………………………………………………… (1)

  1.2　基础减隔震 …………………………………………… (2)

  1.3　土工袋基础减隔震概念 ……………………………… (11)

第2章　土工袋承载、阻尼消能特性 …………………… (14)

  2.1　土工袋承载特性 ……………………………………… (14)

  2.2　土工袋阻尼消能特性 ………………………………… (37)

  2.3　土工袋组合体竖向激振试验 ………………………… (71)

  2.4　土工袋减震消能机制 DEM 模拟 ……………………… (81)

  2.5　弹性波穿越土工袋的传播规律 ……………………… (101)

第3章　振动台模型试验 ………………………………… (108)

  3.1　小型振动台试验 ……………………………………… (108)

  3.2　大型振动台试验 ……………………………………… (125)

  3.3　土工袋垫层抗地震液化性能试验 …………………… (154)

第4章　土工袋基础减隔震设计计算 …………………… (172)

  4.1　减隔震土工袋 ………………………………………… (172)

  4.2　土工袋减隔震垫层结构设计 ………………………… (178)

  4.3　土工袋基础减隔震数值模拟方法 …………………… (194)

第5章　现场测试与示范应用 …………………………… (219)

  5.1　土工袋沟槽回填减隔振 ……………………………… (219)

  5.2　交通减振 ……………………………………………… (228)

  5.3　房屋基础减隔振 ……………………………………… (237)

参考文献 …………………………………………………… (259)

第 1 章 绪 论

1.1 背 景

地震是一种危及人民生命财产安全、破坏性极大的突发性自然灾害。我国是遭受地震灾害最严重的国家之一,其原因主要为我国地处世界上两个最活跃的地震带中间,东部濒临环太平洋地震带,西部和西南部是欧亚地震带所经过的地区。从 20 世纪 70 年代开始,相继发生了河北唐山(1976 年,7.8 级,死亡 24.2 万人)、四川汶川(2008 年,8.0 级,死亡 6.9 万人)、青海玉树(2010 年,7.1 级,死亡 2 698 人)、云南鲁甸(2014 年,6.5 级,死亡 617 人)、四川九寨沟(2017 年,7.0 级,死亡 25 人)等一系列大地震。地震造成大量房屋倒塌,城镇夷为平地,人民生命财产受到严重威胁。

如何减轻地震对人类造成的危害?过去我们的抗震方式是被动的,主要是想办法把结构建得结实一点,想方设法让结构能"抗"得住地震,而现在可以通过采用结构隔震和消能减震技术来隔绝或消耗地震能量,即通过"减"震来保护房屋免遭大的损坏。目前,采用较多的是橡胶隔震支座、阻尼装置等。然而,由于这些隔震装置本身存在价格偏高的缺点,采用隔震装置的工程大多数属于重要建筑物,例如政府大楼、医院、法律中心、计算中心、博物馆、实验室、图书馆以及警察局、监狱、高级住宅等,而对于普通建筑结构,尤其是广大村镇中低层房屋建筑,推广应用仍有一定的难度。

对我国近年来的地震破坏工程进行调查分析,结果发现受震害较严重、数量又较多的是我国广大村镇中的普通房屋建筑。提高民居防震能力是抗震减灾的重大措施,也是一项基础性工作。实施农村民居地震安全工程是国务院加强新时代防震减灾工作的重要举措,是建设社会主义新农村、构建和谐社会的重要内容,是科学防震、主动减灾的有效途径,是全面落实科学发展观,扎实推进社会主义新农村建设的重大举措。因此,十分有必要发展一种价格低廉、适用于广大村镇中低层房屋建设的基础减隔震技术。

2004 年 1 月,针对我国城镇普通民居和公共设施防震能力薄弱的现状,18 位院士联名提出启动"地震安全农居工程"提高城镇防震能力的建议;2006 年,在新疆召开了全国农村民居防震保安工作会议,副总理回良玉指出"做好农村民居防震保安工作是以人为本、执政为民的具体体现";2010 年,国务院出台了 18 号文件《国务院关于进一步加强防震减灾工作的意见》,明确指出:防震减灾事关人民生命财产安全和经济社会发展全局。党中央、国务院对此高度重视,采取一系列加强防震减灾工作的重大举措,在各地区、各部门的共同努力下,我国防震减灾事业取得了较大进展,在抗击历次地震灾害中有效减少了损失;2011 年,国务院办公厅 55 号文件印发了《国家综合防灾减灾规划(2011—2015 年)》,住房和城乡建设部也相应出台了《城乡建设防灾减灾"十二五"规划》;2011 年,云南省人民政府办公厅 55 号文件出台了《关于加快推进减隔震技术发展与应用的意见》。应急管理部和中国地震局联合颁布的《"十四五"国家防震减灾规划》中强调:继续协调推进地震易发区房屋设施加固工程,协同推进农村危房改造和地震高烈度设防地区农房抗震改造,强化农村民居抗震设防服务和指导。推动重大工程建立地震安全监测和健康诊断系统,推广减隔震等抗震新技术应用。这表明中央、地方各级政府高度重视防灾减灾工作及地震安全农居工程,相关政策的出台对切实维护人民群众生命财产安全、保障经济社会全面协调可持续发展具有重要意义。

1.2　基础减隔震

1.2.1　概念及原理

通常的建筑物和基础牢固地连接在一起,地震波携带的能量通过基础传递到上部结构,进入到上部结构的能量被转化为结构的动能和变形能。在此过程中,当结构的总变形能超越了结构自身的某种承受极限时,建筑物便发生损坏甚至倒塌。隔震,即隔离地震振动,指在建筑物基础与上部结构之间设置一个隔离层,把上部结构与基础隔离开来,以延长整个结构体系的自振周期、增大阻尼,减少输入到上部结构的地震能量,降低建筑物上部的地震反应,达到地震发生时减少建筑物地震响应的目标,从而保证建筑物及内部人员的安全。图 1-1 为房屋基础减隔震结构基本原理示意图。想象房屋结构悬浮于地面[见图 1-1(a)],则地震作用不会对房屋结构产生影响,但由于结构具有自重,因此这种情况不可能采用;图 1-1(b)为在竖向用滚珠支承房屋结构,水平向与悬浮结构类似,在水平地震作用下不会产生响应,但建筑物会滑移到其他位置不能复位;为此,图 1-1(c)中在水平向设置弹簧使结构能够复位,但该结构一旦产生振动很难停止;图 1-1(d)为在图 1-1(c)的基础上设置阻尼装置以阻止振动的持续。

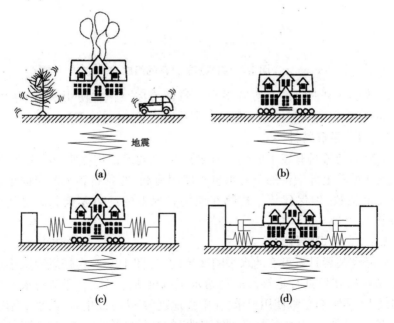

图 1-1　基础减隔震结构基本原理

因此,基础减隔震的原理是:建筑物通过减隔震层改变了上部结构与基础之间的原有支承条件,使上部结构的基本自振周期延长,另外隔震层提供了比较大的阻尼,从而减小了上部结构的地震反应。

1.2.2　基础隔震的基本特性

隔震体系是指在结构物底部与基础面(或底部柱顶)之间设置某种隔震装置而形成的结构体系。它包括上部结构、隔震装置和下部结构三部分(见图 1-2)。

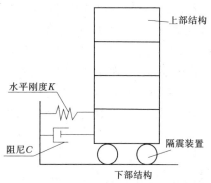

图 1-2　结构隔震体系的组成

为了达到明显的减震效果和保障建筑物在正常使用状态下的安全,隔震装置或隔震体系必须具备下述四项基本特性。

1.2.2.1　承载特性

隔震装置具有较大的竖向承载能力,在建筑结构物使用状况下,安全地支承着上部结构的所有重量和使用荷载,并具备较大的竖向承载力安全系数,确保建筑结构物在使用状况下的绝对安全和满足使用要求。

1.2.2.2　隔震特性

隔震装置具有可变的水平刚度特性(见图 1-3)。在强风或微小地震($F \leqslant F_1$)时,具有足够大的初始水平刚度 K_1,使得上部结构水平位移极小,不影响正常使用要求;在中强地震($F > F_1$)发生时,其水平刚度 K_2 较小,上部结构水平滑动,使"刚性"的抗震结构体系变为"柔性"的隔震结构体系,其自振周期大大延长(例如 $T_{g2} = 2 \sim 4\ s$),远离上部结构的自振周期($T_{g1} = 0.3 \sim 1.2\ s$)和场地特征周期($T_g = 0.2 \sim 1.0\ s$),从而把地面震动有效地隔开,明显地降低上部结构的地震反应,可使上部结构的加速度反应 $\ddot{x}_{s2}$(或地震作用)降低为传统结构加速度反应 $\ddot{x}_{s1}$ 的 $1/4 \sim 1/12$(见图 1-4)。并且,由于隔层装置的水平刚度远远小于上部结构的层间水平刚度,因此上部结构在地震中的水平变形,从传统抗震结构的"放大晃动型"变为隔震结构的"整体平动型"(见图 1-5),从激烈的、由下到上不断放大的晃动变为只做长周期的、缓慢的、整体水平平动,从有较大的层间变位变为只有很微小的层间变位,因而上部结构在强地震中仍处于弹性状态。这样,既能保护结构本身,也能保护结构内部的装饰、精密设备仪器等不遭任何损坏,确保建筑结构物和生命财产在强地震中的安全。

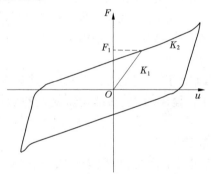

图 1-3 隔震装置的荷载(F)-位移(u)关系曲线

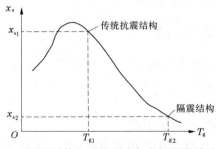

图 1-4 隔震结构加速度反应与自振周期的关系

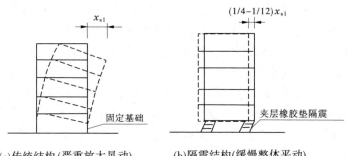

(a)传统结构(严重放大晃动)　　　　(b)隔震结构(缓慢整体平动)

图1-5　传统抗震结构与隔震结构的变形反应对比

为了隔离竖向震(振)动,对于隔震(振)体系,则要求隔震(振)装置具有合适的竖向刚度,使隔震(振)体系的竖向自振周期远离上部结构的自振周期及场地(或振源)的特征周期(或激振周期),从而明显有效地隔开竖向震(振)动,降低上部结构的震(振)动反应。

1.2.2.3　复位特性

隔震装置具有水平弹性恢复力,使隔震结构体系在地震中具有瞬时自动"复位"功能。地震后,上部结构恢复至初始状态,满足正常使用要求。

1.2.2.4　阻尼消能特性

隔震装置具有足够的阻尼,即隔震装置的荷载-位移曲线的包络面积较大(见图1-3),具有较大的消能能力。较大的阻尼可使上部结构的位移明显减少(见图1-4)。

1.2.3　基础隔震的分类

作为房屋基础隔震结构,按隔震层隔震支座的组成大体可分为3类:夹层橡胶垫基础隔震,滑移、转动基础隔震和混合基础隔震,具体概述如下。

1.2.3.1　夹层橡胶垫基础隔震

夹层橡胶垫基础隔震是利用夹层橡胶垫水平刚度小的特点,延长结构第一固有周期,避开地震波卓越周期,达到降低结构地震作用的目的。

夹层橡胶支座可分为以下几种：

1. 普通夹层橡胶支座

普通夹层橡胶支座由天然橡胶或氯丁二烯橡胶制造，如图 1-6 所示。由于其具有良好的线弹性性能，普通夹层橡胶支座不仅能显著地降低结构的地震作用，而且能抑止结构的高阶反应，但由于其无阻尼，大震时隔震支座位移较大，实际工程中一般与各种阻尼器并行使用。

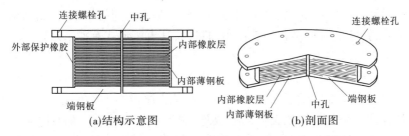

图 1-6 普通夹层橡胶支座外形结构示意图及剖面图

2. 高阻尼夹层橡胶支座

高阻尼夹层橡胶支座采用高阻尼橡胶材料制造。高阻尼夹层橡胶支座兼有隔震器与阻尼器的作用，其阻尼比可达 0.25，可以在隔震系统中单独使用。

3. 铅芯夹层橡胶支座

在普通夹层橡胶支座中间开孔部位灌入铅，便形成铅芯夹层橡胶支座，如图 1-7 所示。铅芯夹层橡胶支座不仅有较高的阻尼比，还有适当的早期刚度，提高了控制风反应和抵抗地基微震的能力。铅芯夹层橡胶支座兼有隔震器和阻尼器的作用。

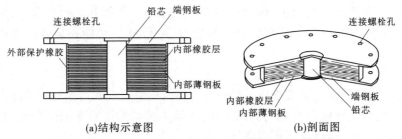

图 1-7 铅芯夹层橡胶支座外形结构示意图及剖面图

4. 其他类型夹层橡胶支座

根据夹层橡胶中阻尼装置分,还有多种夹层橡胶支座,如高阻尼铅芯夹层橡胶支座、带限位钢棒夹层橡胶支座。这些隔震支座与铅芯夹层橡胶支座有相似的隔震特点,但在经济性及与其他隔震支座配合使用时又有各自的特点。

1.2.3.2　滑移、转动基础隔震

滑移、转动基础隔震是利用上部结构与基础之间的解耦,控制结构底部剪力,达到降低结构地震作用的目的,其支座形式有如下几种。

1. 普通滑移支座

以砂垫层、石墨垫层滑动支座,以及以不锈钢板和聚四氟乙烯为滑动材料的支座都属于普通滑移支座。这种支座没有明确的自振周期,对含各种频率分量的地震波都不敏感,对各类场地地震波都有隔震效果。这种支座的剪力-位移滞回曲线为强非线性库仑摩擦曲线,能激起结构的高频反应。由于支座本身不具有位移恢复能力,隔震层最大位移和残留位移可能较大,一般要与其他恢复力装置配合使用。

2. 回弹滑移支座

回弹滑移支座由一组重叠放置又能互相滑动的四氟乙烯薄板和橡胶核组成。四氟乙烯薄板中央及四周带孔,橡胶核放置其中。橡胶核不承受竖向压力,其作用是防止出现局部过大位移,同时为支座提供恢复力。四氟乙烯薄板间的摩擦力对结构起着控制风和抗地基微震动的作用。

3. 滚动支座

滚动支座具体包括双向滚轴加复位消能装置、滚球加复位消能装置、滚球带凹形复位板、碟形和圆锥形支座等几种形式。研究表明,设计合理的滚动支座具有良好的稳定性、限位复位功能和显著的隔震效果。

4. 支承式摆动隔震支座

支承式摆动隔震支座是结构支承在两端呈球面状可摆动的端柱群上,仿生人体腿骨与肌肉共同作用,支承上部结构。日本的试验表明,该隔震形式可使地震作用降低60%。

1.2.3.3 混合基础隔震

混合基础隔震是充分利用夹层橡胶垫基础隔震与滑移、转动基础隔震在经济和技术上的优点,组成的基础隔震系统。混合基础隔震一般没有独立的隔震支座,按夹层橡胶支座的组合方式,混合基础隔震可分为以下两种。

1. 串联基础隔震

将摩擦滑移板与橡胶隔震支座串联组成串联弹性滑动支座,再与橡胶隔震支座并联组成串联隔震体系。在大震作用下,当隔震层达到一定位移时,弹性滑动支座分担的水平剪力大于支座的最大静摩擦力,滑移板开始滑动,滑动时滑移板下的叠层橡胶垫位移不再增加,从而防止叠层橡胶垫在大位移下的失稳破坏。串联弹性滑动支座的恢复力特性为完全弹塑性,初始刚度只依赖于滑移板下叠层橡胶垫部分的刚度,屈服后刚度为零。该种组合隔震体系的重要特征是弹性滑动支座与橡胶隔震支座相互独立,滞回型阻尼器中的阻尼力与初期刚度的调节较为容易,与并联组合隔震体系相比,该种隔震体系较易获得性能良好的隔震效果。

2. 并联基础隔震

并联基础隔震体系由摩擦滑移隔震支座和叠层橡胶隔震支座并联组成隔震层(见图1-8)。橡胶隔震支座和摩擦滑移隔震支座均起承载力作用,摩擦滑移隔震支座用于提供阻尼,滞回环丰满,可以完全替代铅、钢阻尼器及铅芯橡胶隔震支座;摩擦滑移隔震支座替代部分橡胶隔震支座承重,可以较大地降低隔震层造价。地震后,橡胶隔震支座提供恢复力,结构残余变形较小,复位较容易。并联基础隔震结构隔震层采用橡胶隔震支座与摩擦滑移隔震支座并联,大多数隔震支座为橡胶隔震支座,少数隔震支座为摩擦滑移隔震支座,这样组成的并联基础隔震体系,两种形式的隔震支座相互取长补短,不仅可以有效地降低隔震结构的造价,而且能优化隔震效果。目前,大量的研究都是结合具体工程对并联基础隔震体系进行的常规动力分析,进一步的研究也多集中在并联基础隔震体系的动力特性分析上,采用的动力分析模型一般简化为适用于橡胶垫基础隔震的双线性模型。

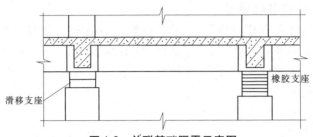

图 1-8　并联基础隔震示意图

1.2.4　基础隔震的发展

在国外,最早提出基础隔震概念的是日本学者河合浩藏,他于 1881 年提出"……要盖一种在地震时不震动的房屋",通过在地基上纵横交错设置几层圆木,圆木上做混凝土基础,再在混凝土基础上盖房,以削弱地震传递的能量。1921 年,冠以最早的隔震建筑名称的帝国饭店在东京建成,设计人 F. L. 怀特用密集的短桩穿过表层硬土,插到软泥土层底部,利用软泥土层作为"防止灾难性冲击的隔震垫",当时引起了极大的争论和关注。在 1923 年 9 月 1 日的关东大地震中显示了良好的隔震性能,这次地震中其他建筑的上部结构一般都受到严重破坏,而该建筑却完好无损。中村太郎 1927 年提出了吸收地震能量的必要性和增加阻尼器的想法,冈隆一 1934 年提出了隔震系统应当兼具吸能和延长周期两种特性,隔震思想已经逐渐有了清晰的轮廓,所提出的概念已具备了现代隔震机构和系统的基本要素。20 世纪 60 年代以来,美、日、法、意等国对隔震系统投入相当多的人力、物力,开展了深入系统的理论、试验研究,发展了以橡胶隔垫为主流的、成熟的隔震技术,制定了详尽和严格的隔震建筑设计规范和隔震支座的质量和验收标准,隔震技术广泛应用于办公楼、政府机构、生命线工程等比较重要的建筑,并已开始向民用住宅发展。

在国内,古代就有关于类似于基础隔震的应用记载,例如在房屋下铺设软垫层、木柱下设滑动支墩等。早在 1 000 多年前,我国人民就成功地应用了隔震的概念和技术:如将柱子"自由"放置在基台上,使之在地震中能够有一定的活动"空间",起到隔震消能的作用;又如建筑结构的基础砌筑在条石、整体片石或块石上,允许建筑物在地震中滑动和摩擦,大大减小、衰减了结构的地震反应。但这些技术都是人民在生产实践中的经验总结,没有提升到理论高度。

我国学者从 20 世纪 60 年代就开始关注基础隔震理论。1966 年,李立首先提出了砂垫层隔震思想,即在地基与底部圈梁之间垫一层经选择的砂层,使得上部结构在地震时可以产生一定的滑动,限制地基传给上部结构的力,进行了砂垫层隔震系统的试验研究和理论分析,主持用这种方法建造了四座土胚和砖砌体的单层摩擦滑移隔震房屋,于 20 世纪 80 年代初在北京中关村建成了我国第一栋四层楼砂垫层隔震建筑。

进入 20 世纪 80 年代,隔震研究逐渐在国内得到重视。前期以应用低造价材料的摩擦滑移隔震为研究重点,内容涉及材料、分析方法的探讨和模型试验等,重点集中在阻尼元件或复位元件的研究,增加阻尼元件或复位元件以限制滑移量,提高建筑物的可靠性。同时,建造了一批试点工程,积累了不少的实践工程经验。

20 世纪 80 年代后期,我国学者开始关注橡胶支座隔震技术。进入 20 世纪 90 年代后,橡胶支座隔震技术的研究逐渐趋于成熟,随着隔震橡胶支座的国产化生产,此项技术已成为工程应用的主流。20 世纪末,国内已基本形成了橡胶支座隔震建筑的成套技术,包括橡胶支座性能测试和检测技术、施工要求、隔震结构体系的实用设计方法和要点、隔震支座节点做法及隔震层构造措施等。

1.3　土工袋基础减隔震概念

土工袋是将土、土石混合料、无污染的固体废弃物装入具有一定规格及性能的土工织物制作的袋子并缝口而形成的袋装体。刘斯宏 1997 年在日本与其导师松冈元(Hajime Matsuoka)教授一起开始土工袋地基加固技术的相关研究,通过试验研究与理论分析解明了土工袋力学原理及各种工程特性。2004 年回国后,持续开展这项研究至今,结合国内现状与工程需求,先后开展了土工袋柔性挡墙工作性状及设计理论、土工袋防渠道冻胀、"土代石"筑堤、土工袋处理膨胀土渠坡、固体废弃物土工袋及应用等成套技术研究。

　　研究与工程实践表明,土工袋作为一种柔中有韧的结构,在袋子的约束作用下具有很高的抗压强度,用作建筑物基础具有显著的减震隔震效果,用于路基垫层时可以减少路面车辆振动荷载对周围建筑物的影响。在此基础上,作者提出了一种土工袋减震隔震建筑基础及其施工方法和应用(已授权国家发明专利,CN101914922B),如图1-9所示。它是由土工袋、土工袋墩形基础、土工袋条形基础、土工袋筏形基础和地坪构成的,即按照在建筑物柱的下方设置土工袋墩形基础、在承重墙下设置土工袋条形基础及在建筑物整个基础面上设置土工袋筏形基础的顺序,用土工袋纵横交错逐层叠放至地坪下,土工袋之间的缝隙用场地开挖土填平,每层土工袋用机械或人工夯实,筏形基础的顶面为混凝土或钢筋混凝土的地坪。经初步分析,其减隔震作用主要源于:一方面,地震荷载作用下单体土工袋的袋体伸缩带动袋内填充颗粒摩擦耗能;另一方面,以特定排列形式构成连续基础的土工袋组合体,在单体–单体空隙之间存在不连续的阻断层,抑制了地震波的传播,以及土工袋层间滑移引起的减震。

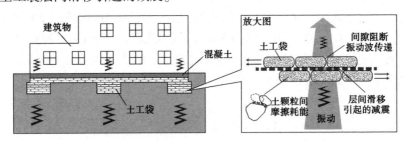

图 1-9　土工袋减隔震基础原理示意图

　　土工袋作为一种基础隔震材料,当地震发生时,土工袋垫层隔绝或消耗绝大部分地震能,从而减少上部结构的位移反应。同时,在波的传播过程中,土工袋垫层能够延长整体结构物的周期,来避开地震卓越短周期,实现地震时工程结构只发生较轻微的运动和变形,起到"以柔克刚"的作用,从而保障建筑物的安全。

　本书介绍了作者研究团队近年来在将土工袋作为基础减隔震材料开展的理论、试验技术及实践应用等方面的研究成果。首先阐述了土工袋的承载及阻尼消能特性,通过结合室内试验与数值模拟对其减隔震机制进行了论证;接着通过振动台模型试验验证了土工袋垫层的减隔震效果,并揭示了土工袋的减隔震作用机制;而后,基于前期的研究成果总结了土工袋基础减隔震设计方法,同时提出了一种基于单个土工袋动力特性预测土工袋组合体基础减隔震效果的计算方法;最后介绍了土工袋减隔振效果的现场测试及土工袋基础减隔振技术的示范应用案例。

第 2 章 土工袋承载、阻尼消能特性

作为减隔震材料,土工袋不仅需要在地震工况下具有足够高的强度以及变形稳定性,同时还要求其在地震力作用下具有较好的阻尼消能效果。本章通过对土工袋单元体、组合体分别开展的一系列竖向反复加卸载试验、水平循环剪切试验以及竖向激振试验,探究了土工袋在动荷载作用下的承载与阻尼消能特性;采用离散单元法进行数值模拟,从能量耗散的角度解明了土工袋的减震消能机制,并分析了地基中土工袋对弹性波波速及地基阻尼比的影响,揭示弹性波穿越土工袋的传播规律。

2.1 土工袋承载特性

2.1.1 土工袋极限抗压强度理论公式

Matsuoka 等和刘斯宏的研究表明:将土石材料装入具有一定性能的土工编织袋形成土工袋后,在竖向荷载的作用下,土工袋的压缩变形将引起袋体周长的伸长,从而在袋体中产生张力 T。该张力对袋内土体起到约束作用,并促使土颗粒间的接触力 N 增加。由于土体强度本质上源于土颗粒间的摩擦强度,土颗粒间接触力 N 的增加意味着土颗粒间的摩擦强度 F 的增大(符合摩擦定律 $F = \mu N$,μ 为土颗粒间摩擦系数),因此土工袋的整体强度得到提高。将其放入地基中,受到外力作用后,土工袋自身具有的高强度使得地基承载力也大幅度提高。

图 2-1 为三维土工袋受力分析图。在受力分析之前,对土工袋做了如下假定:①土工袋近似为图 2-1 所示的长方体形态,即忽略袋体的圆角;②主应力作用方向与土工袋表面垂直,其中大主应力方向与高度方向平行;③土工袋破坏时的尺寸仍为 $B \times L \times H$,即属于小变形问题;

④袋内土体与袋子同时达到强度的极限状态;⑤破坏时,袋子各方向的单宽张力大小相等,其值为 $T(\mathrm{kN/m})$。

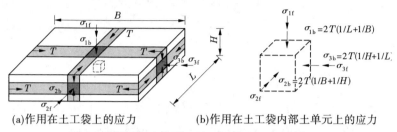

(a)作用在土工袋上的应力　　　(b)作用在土工袋内部土单元上的应力

图 2-1　空间应力状态下的土工袋受力分析图

当土工袋处于极限破坏状态时,袋子的张力使得袋内土体的有效应力增加。根据上述假定和各种截面的受力平衡条件可得袋子产生的附加应力分别为

$$
\left.
\begin{aligned}
\sigma_{1\mathrm{b}} &= \frac{2T}{B} + \frac{2T}{L} \\
\sigma_{2\mathrm{b}} &= \frac{2T}{H} + \frac{2T}{B} \\
\sigma_{3\mathrm{b}} &= \frac{2T}{H} + \frac{2T}{L}
\end{aligned}
\right\}
\tag{2-1}
$$

式中:$\sigma_{1\mathrm{b}}$、$\sigma_{2\mathrm{b}}$、$\sigma_{3\mathrm{b}}$ 分别为与袋子张力 T 对应的附加大、中、小主应力。

此时,袋内土体的主应力大小分别为

$$
\left.
\begin{aligned}
\sigma_1 &= \sigma_{1\mathrm{f}} + 2T\left(\frac{1}{B} + \frac{1}{L}\right) \\
\sigma_2 &= \sigma_{2\mathrm{f}} + 2T\left(\frac{1}{H} + \frac{1}{B}\right) \\
\sigma_3 &= \sigma_{3\mathrm{f}} + 2T\left(\frac{1}{H} + \frac{1}{L}\right)
\end{aligned}
\right\}
\tag{2-2}
$$

式中:$\sigma_{1\mathrm{f}}$、$\sigma_{2\mathrm{f}}$、$\sigma_{3\mathrm{f}}$ 分别为土工袋受到的外部应力;σ_1、σ_2、σ_3 分别为土工袋的大、中、小主应力。

根据莫尔–库仑强度破坏准则(见图 2-2),极限状态时袋内土体的大、小主应力关系为

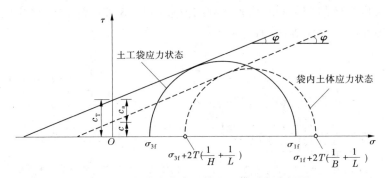

图 2-2　空间应力状态下的土工袋受力分析图

$$\sigma_{1f} = \sigma_{3f}K_p + 2c\sqrt{K_p} + \left[2T\left(\frac{1}{H} + \frac{1}{L}\right)K_p - 2T\left(\frac{1}{B} + \frac{1}{L}\right) \right]$$

$$= \sigma_{3f}K_p + 2(c + c_a)\sqrt{K_p} \tag{2-3}$$

即,基于 Mohr-Coulomb 破坏准则的三维土工袋的总黏聚力 c_T 为

$$c_T = c + c_a = c + \frac{T}{\sqrt{K_p}}\left[\left(\frac{1}{H} + \frac{1}{L}\right)K_p - \left(\frac{1}{B} + \frac{1}{L}\right) \right] \tag{2-4}$$

式中:$K_p = (1+\sin\varphi)/(1-\sin\varphi)$,相当于土工袋内部土体的被动土压力系数。

2.1.2　土工袋竖向压缩试验

土工袋作为基础减隔震材料,通常设置多层。首先按竖向直立式排列,开展不同层数土工袋组合体的无侧限竖向压缩试验,探究其竖向承载力变化规律,并与土工袋极限抗压强度理论公式计算值进行对比。

2.1.2.1　试验介绍

1. 试验装置

图 2-3 为土工袋组合体单轴竖向压缩试验示意图。竖向荷载通过一个固定在反力架上的伺服液压作动器施加,其额定推力为 1 000 kN,最大量程为 1 000 mm;竖向位移通过一个分辨率为 0.000 5 mm 的传感器量测。

2. 试验材料

土工编织袋原料为聚丙烯(PP),每平方米质量为 120 g,经向、纬

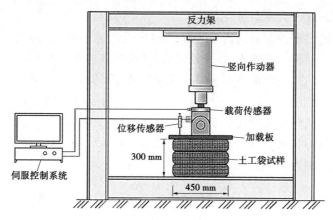

图 2-3　土工袋组合体单轴竖向压缩试验示意图

向抗拉强度分别为 17. 18 kN/m 与 22. 72 kN/m,伸长率分别为 18% 与 24%。土工编织袋原料中掺有 1% 防老化剂(抗氧剂、光稳定剂),经过人工加速老化试验可推断其在无紫外线辐射情况下,使用年限在 50 年以上。袋内材料选用某天然河砂,级配曲线见图 2-4,其细度模数为 2. 0,不均匀系数 $C_u = 2. 62$,曲率系数 $C_c = 0. 899$,部分特征粒径列于图 2-4 中。土工袋袋内土体装填量均为 30 kg,封口并整平后尺寸约为 0. 45 m × 0. 45 m × 0. 1 m。

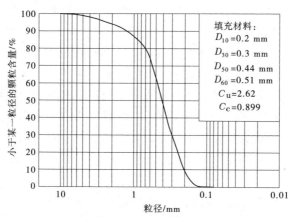

图 2-4　袋内材料级配曲线

3. 加载方式及数据处理

通过设定控制系统内置程序使加载板匀速下降,接触上层土工袋后自动记录初始高度 h_0 并开始试验,试验加载速率为 0.5 kN/s。根据试验测得的竖向变形 δ、竖向力 P 数据,可计算得到土工袋试样的竖向应力 σ_z、竖向应变 ε_z、压缩模量 E_s。竖向应力及竖向应变计算考虑试验过程中试样高度变化而引起的受力面积的变化,设土工袋初始受力面积及试样初始高度分别为 A_0 与 h_0,则竖向应力 σ_z、竖向应变 ε_z 的计算公式分别为

$$\sigma_z = \frac{P(1-\alpha)}{A_0} \tag{2-5}$$

$$\varepsilon_z = \ln(1-\alpha) \tag{2-6}$$

$$\alpha = \frac{\delta}{h_0} = \frac{h_0 - h}{h_0} \tag{2-7}$$

式中:α 为试样实时压缩率;h 为试样实时高度。

压缩模量则通过应力-应变曲线各点的割线斜率进行表征。

2.1.2.2 试验结果

图 2-5 为不同层数 L 土工袋组合体无侧限单轴压缩试验结果。由图 2-5(a)可知:不同层数的土工袋组合体,竖向应力-应变关系形态相似,即初始加载阶段,竖向应力随竖向应变增大呈非线性增大,加载过程中土工袋内部土体逐渐密实,刚度增大,竖向应力随竖向应变的增大逐渐转化为线性增长;图 2-5(b)为土工袋组合体的极限抗压强度随层数的变化。1 层土工袋试样,上、下荷载板相当于土工袋顶部、底部的刚性约束边界,增强了袋子的约束作用,因此其极限抗压强度明显比其他层数要大。2 层以上土工袋组合体,荷载板的约束作用逐渐减小,土工袋组合体极限破坏强度逐渐减小,4 层以后基本趋于稳定,稳定值约为 0.7 MPa,能够满足通常建筑地基无筋扩展基础承载力的要求(一般小于 300 kPa)。

试验用土工袋袋内装填的河砂内摩擦角 $\varphi = 38°$,根据前文给出的三维应力状态下的强度计算公式,由土工袋的经向、纬向拉伸强度计算得到的土工袋极限抗压强度分别为 1.61 MPa 和 2.13 MPa,标注于

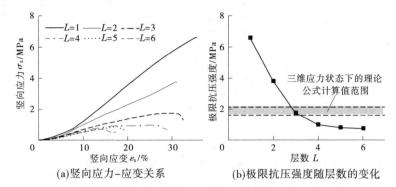

(a)竖向应力–应变关系　　　　　　(b)极限抗压强度随层数的变化

图 2-5　不同层数 L 土工袋组合体无侧限单轴压缩试验结果

图 2-5(b)中。可以发现理论公式计算值与 3 层土工袋组合体试验得到的极限抗压强度较为接近。前已述及单层与双层土工袋的极限抗压强度大于理论计算值是由于土工袋与荷载板间刚性接触的边界效应所致;而 4 层及以上层数的土工袋组合体极限抗压强度略小于理论计算值是由于多层土工袋组合体层间存在较多软接触面,在竖向荷载逐渐增大的过程中,因变形产生的层间摩擦使土工袋在层间接触面部位更容易发生破坏,此时袋子张力并没有达到最大值。由此可见,3 层土工袋组合体试验得到的极限抗压强度与相同工况下的理论计算值最为接近,同时考虑实际工程对减隔震垫层厚度的要求,故本小节均采用 3 层土工袋组合体开展后续试验。

根据不同层数土工袋组合体压缩过程中实时竖向应力、应变分别计算出相应的压缩模量 E_s。图 2-6(a)为不同层数条件下土工袋组合体压缩模量的变化。可见,单层、双层土工袋的压缩模量明显大于层数较大的工况,并且随着竖向应变的逐渐增大,土工袋组合体的压缩模量在试验初期也呈现出增长趋势,在应力–应变转折点处压缩模量也对应出现了明显的放大现象;在达到一定的竖向应变之后,压缩模量出现峰值,随后逐渐减小。图 2-6(b)给出了土工袋组合体压缩模量峰值随层数的变化。结果表明:单层土工袋压缩模量峰值为 38.52 MPa,表现为低压缩性;随着土工袋层数的增加,压缩模量峰值减小,3 层以后逐渐趋于稳定值 6.73 MPa,表现为中压缩性。

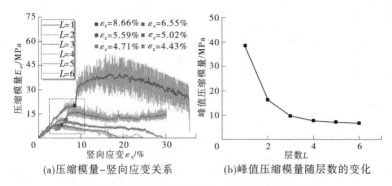

(a)压缩模量–竖向应变关系　　　　(b)峰值压缩模量随层数的变化

图 2-6　不同层数条件下土工袋压缩模量的变化

2.1.3　土工袋竖向反复加卸荷试验

为模拟竖向的地震荷载作用,采用竖向反复加卸载拟静力的试验方法对土工袋组合体的动力变形特性开展研究,研究不同竖向静荷载 P_{stat}、反复荷载比值 R_c、加卸载次数 N 条件下土工袋组合体的竖向应力–应变关系、竖向变形规律及动压缩模量的变化。

2.1.3.1　加卸载模式

试验分为单调加载和反复加卸载两个加载阶段。竖向静应力 σ_z^s 模拟不同层数楼房对基础产生的基底压力,通常建筑地基无筋扩展基础底面平均压力小于 300 kPa,取 100 kPa、150 kPa、200 kPa、250 kPa 四种不同的基底压力,对应于试样尺寸,竖向力 P_{stat} 大致为 20 kN、30 kN、40 kN、50 kN;将反复加卸载过程中反复荷载幅值 P_{cyc} 与静载荷 P_{stat} 的比值定义为反复荷载比值 R_c,即 $R_c = P_{cyc}/P_{stat}$($= ma/mg$,m 为上部结构的质量),模拟 6、7、8、9 度抗震设防烈度,分别取 $R_c = 0.05$、0.15、0.3、0.4、0.5 进行试验。静荷载加载速率为 0.5 kN/s,达到设定目标值稳定 300 s 后开始反复加卸载,加卸载速率为 5 kN/s,经过 200 次加卸载后停止试验。加载模式示意图见图 2-7。

将反复竖向荷载作用下土工袋组合体在每一加卸载周期的割线模量定义为对应周期下的回弹模量 E_r,计算公式为

$$E_r = \frac{\Delta \sigma_z}{\Delta \varepsilon_z^e} \qquad (2-8)$$

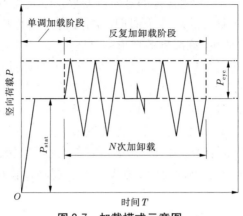

图 2-7　加载模式示意图

式中:$\Delta\sigma_z$ 和 $\Delta\varepsilon_z^e$ 分别为每一加卸载周期产生的最大竖向应力增量和卸载段产生的弹性应变。

图 2-8 中的 $\Delta\varepsilon_z^p$ 为每一加卸载周期产生的不可恢复应变,即塑性应变;θ 为每一周期卸载段割线夹角。

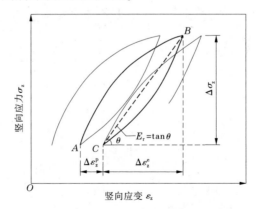

图 2-8　反复加卸载单轴压缩试验的竖向应力-应变示意图

2.1.3.2　试验结果

1. 竖向应力-应变关系

图 2-9 为反复加卸载作用下土工袋组合体的典型压缩曲线。由

图 2-9(a)可见,土工袋组合体的竖向应变累积主要发生在单调加载阶段和反复加卸载阶段的前几个周期。静荷载相当于上部结构(房屋)的自重,施工完成后,该部分的变形即已完成;第一个循环荷载的加载阶段,相当于静荷载的进一步增大,从而产生了相对明显的变形。相应地,图 2-9(b)的竖向应力–应变曲线在单调加载阶段出现明显的"上凹"现象,表明此时土工袋组合体的压缩模量也随之逐渐增大。在循环荷载作用初期,土工袋组合体产生的变形主要为塑性变形,随着循环次数的增加,相邻竖向应力–应变滞回圈排列逐渐紧密,说明土工袋组合体每个周期产生的塑性变形量逐渐减小,试验后期趋于零。

2. 竖向变形特性

由图 2-9 可以看出,土工袋组合体的竖向变形可以大致分为单调加载阶段的快速累积和反复加卸载阶段的缓慢累积两部分。其中,单调加载阶段可以对应为基础及上部结构施工阶段产生的永久变形量,而反复加卸载阶段的变形累积则对应为动荷载作用下土工袋减隔震垫层产生的竖向变形。反复加卸载阶段产生的累积变形量是评价地震工况下稳定性土工袋减隔震垫层稳定性的重要指标之一。

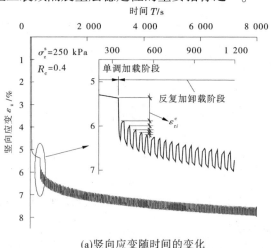

(a)竖向应变随时间的变化

图 2-9　反复荷载作用下土工袋组合体的典型压缩曲线

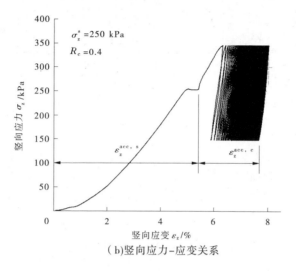

（b）竖向应力–应变关系

续图 2-9

　　将反复加卸载阶段第 i 个周期产生的不可恢复应变定义为第 i 个周期的竖向残余应变 ε_{ri}^{c}。图 2-10 给出了不同应力状态下土工袋组合体竖向残余应变随加卸载次数的变化。为了清晰地描述竖向残余应变在反复加卸载初期的变化趋势，对横轴进行了对数化处理。可以发现，竖向残余应变与竖向静应力 σ_{z}^{s} 和反复荷载比 R_{c} 均为正相关，并且竖向残余应变在反复加卸载初期显著减小，随着加卸载次数的增加，竖向残余应变接近于 0 并逐渐趋于稳定，这表明在多次反复加卸载作用后，土工袋组合体产生的不可恢复的竖向变形量很小，基本处于稳定状态。

　　将试验过程中产生的竖向残余应变累加后能够得到土工袋组合体的竖向累积应变 $\varepsilon_{z}^{acc,c}$。图 2-11 为不同应力状态下土工袋组合体的竖向累积应变随加卸载次数的变化。可以发现，竖向累积应变受竖向静应力和反复荷载比影响，且在反复荷载作用初期较大，随着加卸载次数的增加，竖向累积应变的增幅较小，表明此时土工袋组合体已进入了变形稳定阶段，即"塑性安定"阶段。

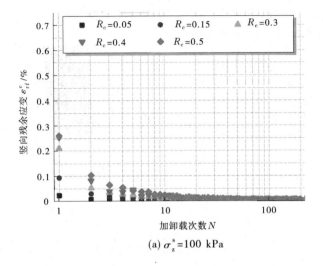

(a) $\sigma_z^s = 100$ kPa

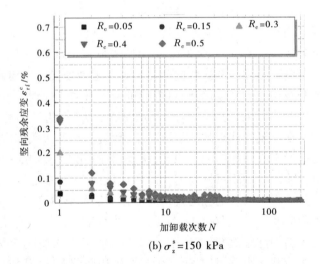

(b) $\sigma_z^s = 150$ kPa

图 2-10　竖向残余应变随加卸载次数的变化

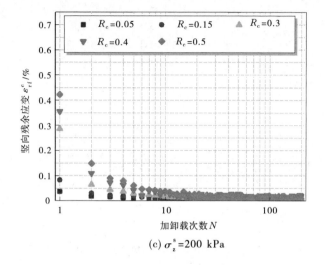

(c) $\sigma_z^s = 200$ kPa

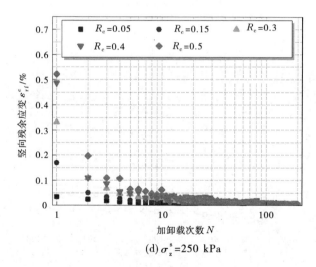

(d) $\sigma_z^s = 250$ kPa

续图 2-10

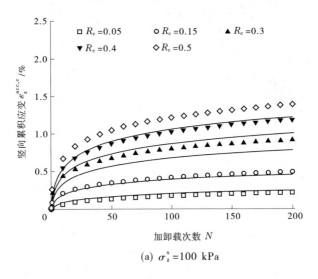

(a) $\sigma_z^s = 100$ kPa

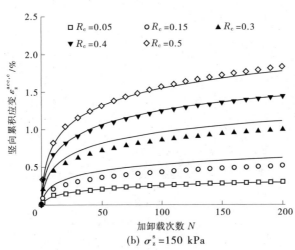

(b) $\sigma_z^s = 150$ kPa

图 2-11　竖向累积应变随加卸载次数的变化

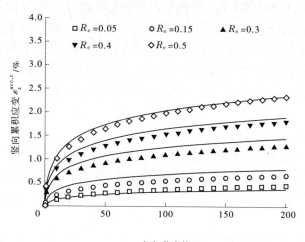

(c) $\sigma_z^s = 200$ kPa

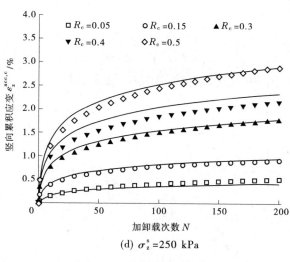

(d) $\sigma_z^s = 250$ kPa

续图 2-11

　　通过构建加卸载次数与竖向累积应变之间的力学关系,能够更加有效地描述土工袋组合体在反复荷载作用下的变形规律。对于循环荷载作用下的无黏性土,Karg 等提出了一个经验公式用于描述试样在循环荷载作用下的变形规律。将循环荷载作用下产生的竖向累积应变分为初期的对数增长阶段和数次循环加载后的线性增长阶段,可以表示为

$$\varepsilon_z^{\mathrm{acc,c}} = a_1 \ln(1 + a_2 N) + a_3 N \tag{2-9}$$

式中:a_1、a_2、a_3 为常数项。

　　考虑到图 2-10 中土工袋组合体的竖向残余应变在经过多次反复荷载作用后基本趋于 0,在构建反复荷载作用下的土工袋组合体竖向累积应变经验公式时,不考虑式(2-9)中的线性项,即简化为下式:

$$\varepsilon_z^{\mathrm{acc,c}} = a_1 \ln(1 + a_2 N) \tag{2-10}$$

　　通过回归分析能够拟合得到 a_1、a_2,图 2-12 为参数 a_1、a_2 随加载幅值($\sigma_z^s \cdot R_c$)的变化,可以发现参数 a_1 基本与加载幅值呈线性关系,而 a_2 则与加载幅值呈现出较好的对数关系,其拟合得到的关系公式分别为

$$a_1 = l_1 + l_2 \sigma_z^s R_c \tag{2-11}$$

$$a_2 = l_3 \ln(1 + l_4 \sigma_z^s R_c) \tag{2-12}$$

式中:l_1、l_2、l_3、l_4 为拟合公式中的常数项,见表 2-1。

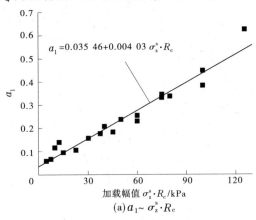

$$a_1 = 0.035\,46 + 0.004\,03\,\sigma_z^s \cdot R_c$$

(a) $a_1 \sim \sigma_z^s \cdot R_c$

图 2-12　参数 a_1、a_2 随加载幅值的变化

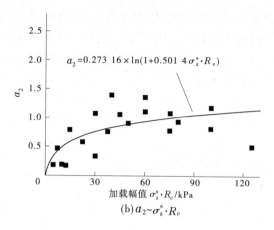

(b) $a_2 \sim \sigma_z^s \cdot R_c$

续图 2-12

表 2-1　参数拟合结果

拟合参数	拟合值	拟合参数	拟合值
l_1	0.035 46	c_1	0.459 16
l_2	0.004 03	c_2	−0.321 74
l_3	0.273 16	c_3	0.385 79
l_4	0.501 4	c_4	0.197 45

　　根据得到的参数 a_1、a_2 拟合结果,能够预测出不同应力状态下土工袋组合体在反复荷载作用下的竖向变形规律。根据给出的修正式(2-10)~式(2-12)计算得到的土工袋组合体竖向累积应变随循环次数的变化如图 2-11 所示。由图 2-11 可见,提出的修正公式能够较好地描述土工袋组合体的竖向应变累积规律以及其在数次反复荷载作用后变形稳定的特征。

　　3. 回弹模量

　　回弹模量同样也是基础设计计算的一个重要力学参数,因此有必要对土工袋组合体在反复荷载作用下的回弹模量变化规律进行深入研究。根据式(2-8)能够计算得到反复荷载作用下土工袋组合体在不同加卸载次数下的回弹模量 E_r,如图 2-13 所示。在 $R_c = 0.05$ 时,回弹模量随加卸载次数波动较大;随着反复荷载比的逐渐增大,回弹模量的波动程度变小。同时,土工袋组合体在经过不同加卸载次数后的回弹模量随着竖向静应力的增大而增大,随着反复荷载比的增大而减小。在相同的反复荷载比值条件下,土工袋组合体回弹模量随循环次数的变化不明显,也就是说回弹模量在反复加卸载过程中基本保持稳定,这正是基础减隔震材料所要求的特性。图 2-14 给出了不同反复荷载比和加卸载次数条件下土工袋组合体回弹模量随竖向静应力的变化。可以发现,土工袋组合体的回弹模量受竖向静应力和反复荷载比影响显著,在达到回弹模量较为稳定的阶段后,经过不同次数的反复加卸载(N = 50、100、150、200)后的回弹模量基本相同。

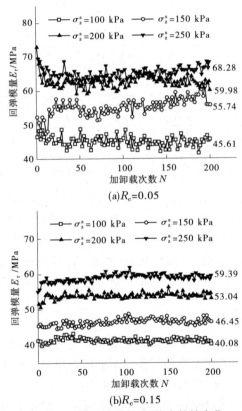

(a)R_c=0.05

(b)R_c=0.15

图 2-13　回弹模量随加卸载次数的变化

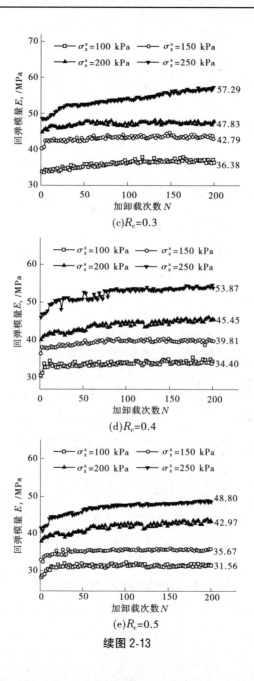

(c)R_c=0.3

(d)R_c=0.4

(e)R_c=0.5

续图 2-13

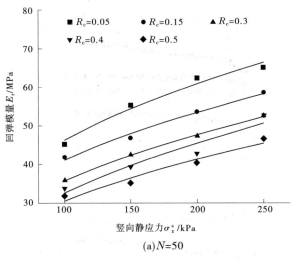

(a)N=50

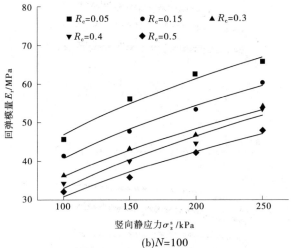

(b)N=100

图 2-14　回弹模量随竖向静应力的变化

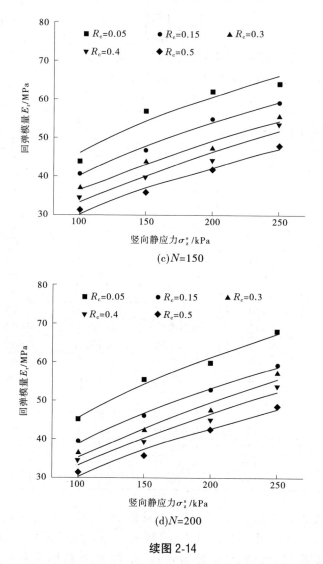

(c)N=150

(d)N=200

续图 2-14

　　为了表征在反复荷载作用下土工袋组合体的回弹模量变化规律，基于 Hicks 等提出的经验公式给出了一个适用于计算反复荷载作用下

土工袋组合体回弹模量的修正公式,即

$$E_r = n_1 p_a \left(\frac{\sigma_z^s}{p_a} \right)^{n_2}$$ (2-13)

式中:n_1 和 n_2 为参数项;p_a 为标准大气压(100 kPa)。

其中,根据式(2-13)拟合得到的 n_1 和 n_2 见表2-2。

表 2-2　参数 n_1、n_2 的拟合结果

反复荷载比 R_c	加卸载次数 N	拟合结果		
		n_1	n_2	R^2
$R_c = 0.05$	$N = 50$	0.463 78	0.392 11	0.965 98
	$N = 100$	0.468 28	0.390 12	0.961 84
	$N = 150$	0.464 59	0.390 30	0.891 92
	$N = 200$	0.459 16	0.422 76	0.974 67
$R_c = 0.15$	$N = 50$	0.411 40	0.378 55	0.982 50
	$N = 100$	0.408 10	0.412 48	0.982 77
	$N = 150$	0.407 35	0.411 68	0.984 99
	$N = 200$	0.394 95	0.435 93	0.991 25
$R_c = 0.3$	$N = 50$	0.357 72	0.414 25	0.997 4
	$N = 100$	0.360 78	0.424 53	0.967 51
	$N = 150$	0.365 55	0.436 89	0.956 88
	$N = 200$	0.353 59	0.496 66	0.949 37
$R_c = 0.4$	$N = 50$	0.326 03	0.480 81	0.899 90
	$N = 100$	0.330 73	0.491 62	0.944 65
	$N = 150$	0.332 92	0.487 30	0.935 60
	$N = 200$	0.332 60	0.498 53	0.954 15
$R_c = 0.5$	$N = 50$	0.306 06	0.432 91	0.936 08
	$N = 100$	0.308 61	0.461 17	0.954 62
	$N = 150$	0.302 91	0.490 90	0.967 04
	$N = 200$	0.304 17	0.502 04	0.963 25

通过表2-2的 n_1、n_2 拟合结果,能够得到 n_1、n_2 与反复荷载比 R_c 的关系,见图2-15。由图2-15可见,参数 n_1、n_2 与反复荷载比呈现出较好的线性关系,线性回归后能够得到 n_1、n_2 与 R_c 的线性关系式,分别为 $n_1 = c_1 + c_2 \cdot R_c$,$n_2 = c_3 + c_4 \cdot R_c$,其中常数项 c_1、c_2、c_3、c_4 取值见表2-1。

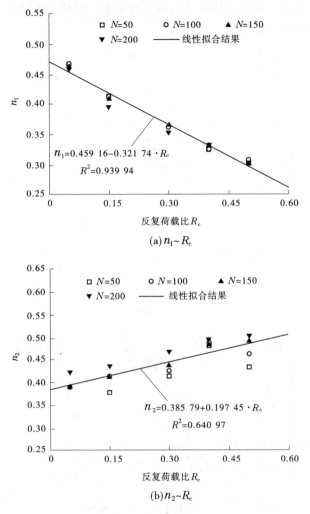

图 2-15 参数 n_1、n_2 随反复荷载比的变化

根据修正后的回弹模量经验公式,能够计算得到土工袋组合体在经过多次反复荷载作用后的回弹模量预测值。经过 200 次反复加卸载后的土工袋组合体回弹模量试验结果和预测结果见图 2-16。可以发现,采用式(2-13)计算得到的回弹模量预测值与试验结果接近,并能够

较好地反映土工袋组合体在反复荷载作用下回弹模量随竖向静应力和反复荷载比的变化趋势。

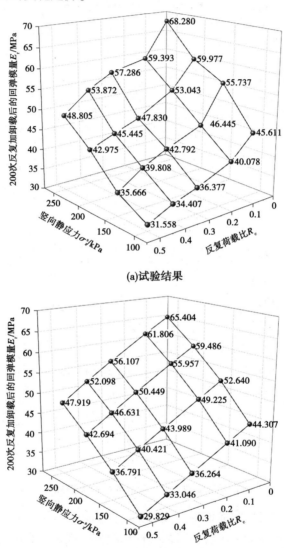

图 2-16 200 次反复加卸载后的土工袋组合体回弹模量试验结果和预测结果

　　通过开展的一系列在竖向单调荷载及竖向反复加卸载作用下的土工袋单轴压缩试验,结果表明土工袋组合体的极限抗压强度及最大压缩模量能够满足其作为基础减隔震垫层的承载要求;在反复加卸载单轴压缩试验中,土工袋组合体的竖向变形主要集中产生于静荷载施加阶段及反复加卸载阶段初期,随着加卸载次数的增加,土工袋组合体的竖向变形逐渐趋于稳定,同时其回弹模量也在加载过程中基本保持稳定。

　　考虑到实际地震中建筑及其基底隔震层主要受到水平地震力作用,在水平剪切作用下土工袋可能产生一定的变形及层间滑移。因此,作为隔震材料,土工袋在水平剪切作用下的承载变形特性及弹性恢复能力也值得关注,该问题将在下节阐述。

2.2　土工袋阻尼消能特性

2.2.1　土工袋单元体水平循环剪切试验

　　在土的动力特性研究中,土的动剪切模量与等效阻尼比是进行场地地震反应分析和土-结构动力相互作用分析的重要参数。通过开展一系列土工袋循环剪切试验,研究了土工袋单元体的阻尼消能特性及其影响因素。

2.2.1.1　试验介绍

1. 试验装置与试验材料

　　试验在图 2-17 所示的室内水平循环剪切系统中进行,该系统主要由竖向加载系统、水平加载系统、量测系统及数据采集系统等部分组成。竖向加载系统主要由安装在反力架横梁上的电动伺服作动器和加载板组成,它们之间设置了滚动排,以减小水平剪切过程中两者之间的摩擦力;水平张拉系统由两侧的电机和柔性链条组成,电机以 2 mm/min 的剪切速率驱动螺杆,通过柔性链条拉动加载板做水平向往复剪切运动;水平剪切力通过安装在电机张拉系统上的力传感器量测,水平、竖向位移通过安装在加载板上表面的位移计量测;水平拉力传感器和位移计均连接在一个静态数据采集仪上,试验过程中力、位移数据同步采集,采集频率为 2 Hz。

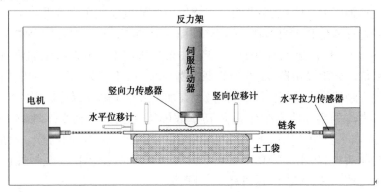

图 2-17　土工袋水平循环剪切试验示意图

　　试验用土工编织袋原材料为聚丙烯(PP),克重为 200 g/m²,其经、纬向极限抗拉强度分别为 47.36 kN/m 和 44.11 kN/m,经、纬向极限伸长率分别为 13.70% 和 15.98%。袋子为方形,大小为 40 cm × 40 cm × 10 cm,袋内分别装填自然风干的天然河砂(含一定比例的砾)、现场开挖壤土、碎石 3 种不同的材料,其级配曲线如图 2-18 所示。

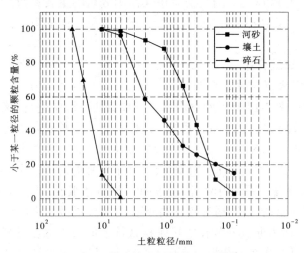

图 2-18　袋内填充材料的级配曲线

2. 试验方案

为了研究不同袋内填充材料对土工袋单元体阻尼消能特性的影响,首先对 3 种不同袋内填充材料的土工袋单元体进行竖向应力 80 kPa 作用下剪切应变幅值分别为 2%、4%、8%、16% 的变剪切幅值水平循环剪切试验,随后针对装填河砂土工袋单元体开展不同竖向应力作用下的水平循环剪切试验,研究竖向应力及剪切幅值对土工袋单元体动力特性的影响。具体试验工况如表 2-3 所示。

表 2-3　土工袋单元体循环剪切试验工况

试验编号	袋内材料	竖向应力 σ_n/kPa	剪切应变幅值/%
1	壤土		
2	建筑碎石	80	
3			2、4、8、16
4	天然河砂	40	
5		160	

2.2.1.2　试验结果与分析

通过水平循环剪切试验,可以得到土工袋试样的动剪切应力-动剪切应变关系,即剪切应力-应变滞回曲线,从而计算得到动剪切模量 G_d(或是水平刚度 K)与等效阻尼比 λ 两个动力特性参数,用以反映土工袋的阻尼消能特性。考虑到剪切过程中剪切应力-剪切应变滞回曲线可能出现不对称的情况(见图 2-19),G_d 与 λ 分别采用下述公式计算:

$$G_d = \frac{G_{d,1} + G_{d,2}}{2} = \frac{1}{2}\left(\frac{\tau_{max,1}}{\gamma_{max,1}} + \frac{\tau_{max,2}}{\gamma_{max,2}}\right) \tag{2-14}$$

$$\lambda = \frac{\lambda_1 + \lambda_2}{2} = \frac{1}{2}\left(\frac{A}{4\pi A_1} + \frac{A}{4\pi A_2}\right) = \frac{A}{4\pi}\left(\frac{1}{\tau_{max,1} \cdot \gamma_{max,1}} + \frac{1}{\tau_{max,2} \cdot \gamma_{max,2}}\right) \tag{2-15}$$

式中:$G_{d,1}$ 和 $G_{d,2}$ 分别为剪切正向与负向滞回曲线的平均动剪切模量;$\tau_{max,1}$ 和 $\tau_{max,2}$ 分别为正、负向最大剪切应力;$\gamma_{max,1}$ 和 $\gamma_{max,2}$ 分别为正、负向最大剪切应变;λ_1 和 λ_2 分别为正、负向滞回曲线的等效阻尼比;A_1 和 A_2 为图 2-19 中定义的三角形面积;A 为滞回曲线包络面积。

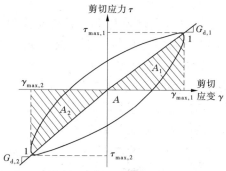

图 2-19　典型剪切应力-剪切应变滞回曲线

1. 不同袋内填充材料的影响

图 2-20 为竖向应力为 80 kPa 时,3 种不同袋内填充材料土工袋单元体剪切应力-剪切应变关系曲线。可以看出,不同袋内填充材料土工袋单元体滞回圈的饱满程度有所不同,其中河砂土工袋单元体的滞回曲线最为饱满,说明河砂土工袋较其他两种袋内材料土工袋在循环剪切过程中产生的耗能最大。

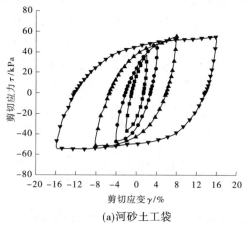

(a)河砂土工袋

图 2-20　不同袋内填充材料土工袋单元体循环剪切应力-剪切应变滞回曲线($\sigma_n = 80$ kPa)

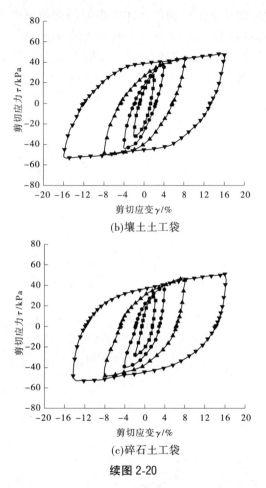

(b)壤土土工袋

(c)碎石土工袋

续图 2-20

　　图 2-21 为根据图 2-20 所示的剪切应力-剪切应变滞回曲线计算得到的 3 种不同袋内填充材料土工袋单元体动力参数随剪切应变幅值变化的关系曲线。从图 2-21(a)中可知,随着剪切应变幅值的增大,其等效阻尼比均逐渐增大。其中,在 4 种不同剪切应变幅值($\gamma_{max} = 2\%$、4%、8%、16%)条件下,河砂土工袋单元体的等效阻尼比均最大,而壤土土工袋单元体的等效阻尼比均最小。说明,袋内填充材料对土工袋单元体减振消能特性具有一定的影响,其中河砂土工袋单元体的阻尼

耗能效果最好,而壤土土工袋单元体的阻尼耗能效果则相对较弱。出现这一现象的主要原因是,自然风干的天然河砂颗粒较为均匀、颗粒间易产生相对滑动,将其装入编织袋后形成的土工袋表现出的"柔性"也最佳。在循环剪切过程中,砂土颗粒之间的相互摩擦产生能量耗散。而编织袋对袋内土体的约束作用,有效保证了袋内颗粒间的相对滑动不会对土工袋单元体整体的结构稳定性造成影响。

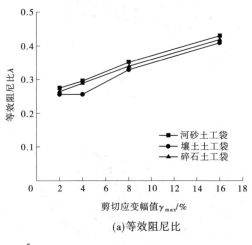

(a)等效阻尼比

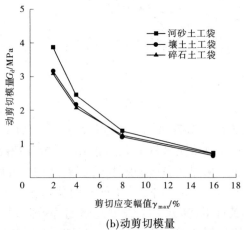

(b)动剪切模量

图 2-21　不同袋内填充材料土工袋单元体动力参数随
剪切应变幅值的变化($\sigma_n = 80$ kPa)

　　从图 2-21(b)中可知,随着剪切应变幅值的增大,3 种不同袋内填充材料的土工袋单元体动剪切模量均减小,并逐渐趋于平稳。其中,在相同剪切应变幅值条件下,河砂土工袋单元体的动剪切模量最大,壤土土工袋和碎石土工袋单元体的动剪切模量基本相等且相对较小。这表明在水平剪切应力的往复作用下,河砂土工袋单元体抵抗水平剪切变形的能力相对最强。这是因为在竖向应力作用下,河砂因其颗粒间易滑动可以充满整个袋内空间,土工袋整体密实程度较高,袋体张力发挥较好,使得土工袋单元体的刚度随之增大,进而可以有效地抵抗水平剪切变形;碎石土工袋中的碎石具有一定的形状,颗粒间存在较大的孔隙,在水平剪切应力作用下,其相对稳定的应力状态容易被破坏;壤土土工袋在竖向应力作用后,部分大的团聚土颗粒容易被压碎,颗粒间的密实程度有所提高,但因其流动性较差不能充满整个袋内空间,导致编织袋边角仍存在张力未发挥的区域,降低了其抵抗水平变形的能力。

　　图 2-22 给出了竖向应力为 80 kPa 时,3 种不同袋内填充材料土工袋单元体竖向位移随剪切应变的变化。可以看出,在循环剪切过程中,3 种不同袋内填充材料的土工袋单元体在剪切应变较小时基本表现为剪缩,在剪切应变较大时也有一定的剪胀。总体而言,在相同竖向应力作用下,随着剪切应变的增大,3 种不同袋内填充材料的土工袋单元体的竖向累积位移增大。其中,在相同剪切应变条件下,壤土土工袋竖向累积位移最大,河砂土工袋竖向累积位移最小。前已述及,作为减隔震材料,要求在振动过程中变形较为稳定。因此,从竖向累积变形的角度来说,相比较而言,河砂土工袋较为有利。

　　综合考虑土工袋动剪切模量 G_d(或是水平刚度 K)、等效阻尼比 λ 两个动力特性参数的变化及竖向累积位移的量值,在比较的三种袋内材料中,河砂较为理想,也是实际工程中常用的建筑材料。

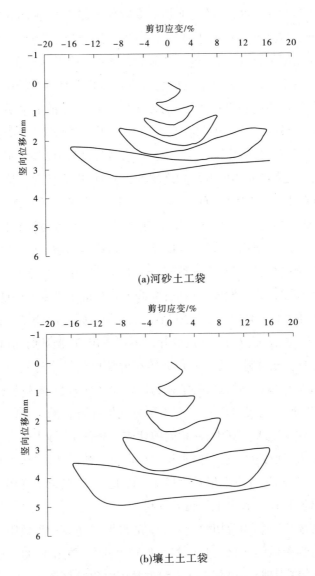

(a)河砂土工袋

(b)壤土土工袋

图 2-22　不同袋内填充材料单元体竖向位移-剪切应变关系曲线

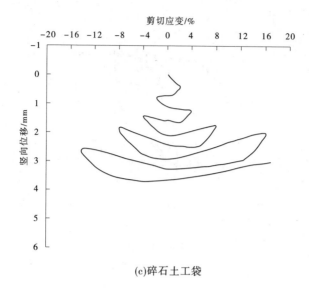

(c)碎石土工袋

续图 2-22

2. 不同竖向应力的影响

图 2-23 为不同竖向应力(σ_n = 40 kPa、80 kPa、160 kPa)作用下，河砂土工袋单元体剪切应力-剪切应变关系曲线。从其滞回圈形态可以看出，随着竖向应力的增大，相同剪切应变幅值条件下，滞回圈主对角线与横轴的夹角均表现为逐渐增大的趋势，根据动剪切模量的定义，动剪切模量随着该夹角的增大而增大。

图 2-24 为对应于不同剪切应变幅值(γ_{max} = 2%、4%、8%、16%)，河砂土工袋单元体动力参数随竖向应力变化的关系曲线。由图 2-24 可知，随着竖向应力的增大，不同剪切应变幅值条件下的河砂土工袋单元体的动剪切模量逐渐增大，而等效阻尼比逐渐减小，这主要是因为随着竖向应力的增大，土工袋压缩变形增大，袋内砂土逐渐变得更为密实。

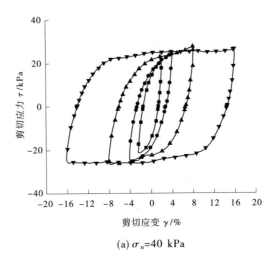

(a) σ_n=40 kPa

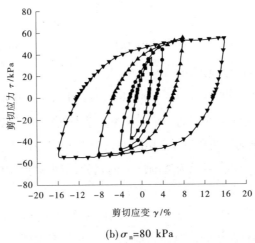

(b) σ_n=80 kPa

图 2-23　不同竖向应力作用下河砂土工袋单元体
循环剪切应力-剪切应变关系曲线

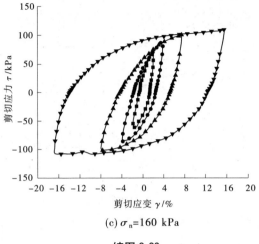

(c) σ_n=160 kPa

续图 2-23

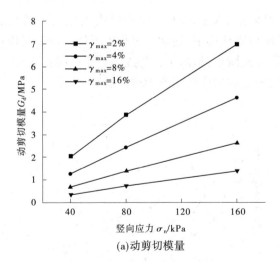

(a)动剪切模量

图 2-24　不同竖向应力作用下河砂土工袋单元体的动力参数

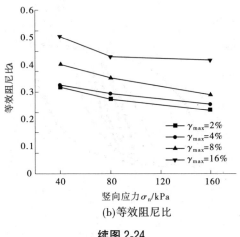

(b)等效阻尼比

续图 2-24

3. 不同剪切应变幅值的影响

图 2-25 为不同竖向应力(σ_n = 40 kPa、80 kPa、160 kPa)作用下,河砂土工袋单元体动力参数随剪切应变幅值变化的关系曲线。可以看出:在相同竖向应力作用下,河砂土工袋单元体的动剪切模量随着剪切应变幅值的增大而减小,但减小趋势逐渐趋于平缓;河砂土工袋单元体的等效阻尼比随着剪切应变幅值的增大而增大。

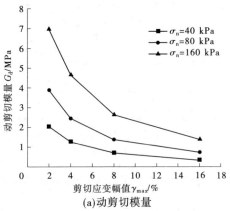

(a)动剪切模量

图 2-25　不同剪切应变幅值条件下河砂土工袋单元体的动力参数

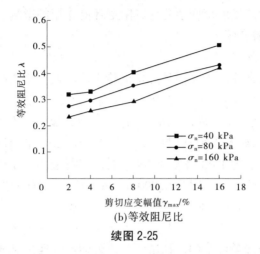

(b)等效阻尼比

续图 2-25

　　由以上试验结果可见,河砂土工袋在不同的竖向应力及剪切应变幅值情况下,其等效阻尼比均在 0.2~0.5,大于一般橡胶隔震材料的等效阻尼比(0.1~0.3),远大于混凝土结构(0.05)与钢结构(0.02)的等效阻尼比,从而表明将土工袋设置在房屋建筑基础下,可以起到与通常采用的橡胶隔震材料相似的减震效果,且土工袋具有可变的水平刚度,满足隔震层对水平刚度性能的要求,即在强风或微小地震时具有足够的初始水平刚度,使得上部结构水平位移较小,不影响正常使用要求,在中强地震发生时,其水平刚度变小,上部结构水平滑动,使"刚性"的抗震结构体系变为"柔性"的隔震结构体系。

2.2.2　土工袋组合体水平循环剪切试验

　　基于上节的土工袋单元体水平循环剪切试验结果,发现土工袋对袋内土体的约束作用能够增大袋内土体的摩擦耗能,并提高袋内土体的整体性,具有明显的阻尼耗能效果;而作为减隔震层,通常由多层土工袋叠放而成。因此,需要对土工袋组合体的阻尼耗能特性进行深入探讨。本节通过水平循环剪切试验探究不同竖向应力与剪切应变幅值作用下土工袋组合体经过多次循环剪切作用后动力参数(动剪切模量与等效阻尼比)与竖向累积变形的变化规律,同时验证土工袋组合体在剪切过程中产生的层间滑移对其阻尼耗能作用的影响。

2.2.2.1　试验介绍

1.试验装置

土工袋组合体的水平循环剪切试验于河海大学自主研发的高压水平循环剪切试验系统(见图2-26)上开展。该循环剪切试验系统主要由竖向加载系统、水平向加载系统(包含两台作动器)、伺服控制系统、伺服油源、反力架及平衡框架组成。其中,竖向及水平向加载系统作动器额定推力分别为1 000 kN及500 kN,额定行程均为1 000 mm,作动器内置位移传感器分辨率为0.000 5 mm,油缸活塞杆处外置载荷传感器精度在2% ~ 100% F.S.范围内各点均为0.01%。通过伺服控制系统控制竖向加载系统与水平向加载系统协同运行并进行数据采集,能够进行不同加载条件下的剪切试验。该剪切系统通过竖向作动器在土工袋组合体试样顶面加载板施加竖向力,作动器与加载板间布置滑轨以减小试验过程中产生的摩擦力。为保证试验过程中加载板水平,在加载板上安装了一个平行四边形平衡框架。该试验系统通过左、右向张拉试样顶部的加载板进行水平向循环剪切试验,根据测得的剪切应力、应变能够计算得到动剪切模量、等效阻尼比等动力特性参数。

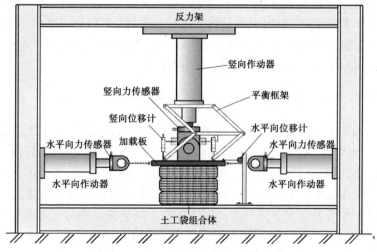

图2-26　高压水平循环剪切试验系统

2. 试验方案

作为基础减隔震材料,土工袋在施工过程中会预留袋间缝隙,以保证土工袋在地震惯性力作用下产生足够的袋体剪切变形和层间滑移以达到阻尼耗能和阻隔地震波传递的效果,从而使土工袋出现侧向无接触情况,故对土工袋组合体试样进行无侧限循环剪切试验。试样由三个土工袋竖向叠放而成。首先按力控制对试样进行竖向加载,加载速率为 0.5 kN/s,竖向力达到目标值并保持 5 min 后(竖向位移基本无变化后)对试样进行水平循环剪切。剪切过程中采用位移控制模式,对试样进行等幅循环剪切,剪切速率设置为 12 mm/min。试验主要考虑以下加载特征参数变化对土工袋组合体动力特性的影响:①循环次数 N;②竖向应力 σ_n;③剪切应变幅值 γ_{max}。具体试验工况列于表 2-4。

表 2-4　土工袋组合体循环剪切试验工况

序号	控制参数	参数取值
1	循环次数 N	1~10
2	竖向应力 σ_n	25 kPa、50 kPa、100 kPa、200 kPa
3	剪切应变幅值 γ_{max}	0.25%、0.5%、1%、2%、4%

2.2.2.2　试验结果与分析

1. 应力-应变关系

在同一竖向应力作用下分别进行了剪切应变幅值 $\gamma_{max}=0.25\%$、0.5%、1%、2% 和 4% 的等幅循环剪切试验。图 2-27 为竖向应力 $\sigma_n=25$ kPa、50 kPa、100 kPa 和 200 kPa 条件下土工袋组合体剪切应力-剪切应变滞回曲线。由图 2-27 可见,在剪切应变幅值较小的情况下,土工袋组合体的剪切应力-剪切应变滞回曲线基本重合,且滞回圈面积相对较小;当剪切应变幅值较大时,由于土工袋组合体发生了层间滑移,相应地其剪切应力-剪切应变滞回曲线中出现剪切应力稳定阶段,即剪切应力不随剪切应变的增大而增大,整体的滞回曲线面积相对较大且饱满;相比较小应变幅值循环剪切条件下的土工袋组合体滞回圈基本重合的情况,在剪切应变幅值较大的情况下,发生层间滑移后土工袋组合体产生了部分不可恢复的塑性变形,不同循环次数下的剪切应力–剪切应变滞回曲线出现了差异,随着循环次数的增加滞回曲线的面积增大;而且,竖向应力越小,土工袋组合体越容易发生层间滑移,竖向应力 $\sigma_n = 25$ kPa 时,土工袋组合体在剪切应变幅值 $\gamma_{max} = 2\%$ 已发生层间滑移,而在竖向应力 $\sigma_n = 200$ kPa 时,其在剪切应变幅值 $\gamma_{max} = 4\%$ 发生层间滑移。

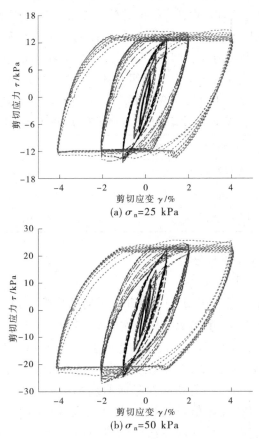

图 2-27　不同竖向应力作用下土工袋组合体剪切应力–剪切应变滞回曲线

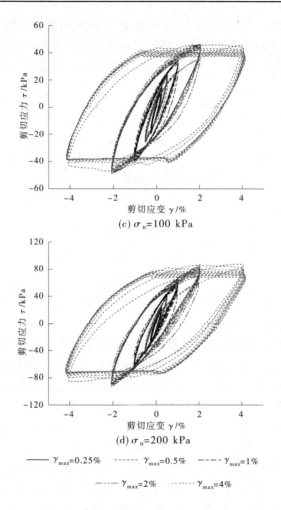

(c) σ_n=100 kPa

(d) σ_n=200 kPa

——— γ_{max}=0.25%　------ γ_{max}=0.5%　—-—- γ_{max}=1%

—--—- γ_{max}=2%　······· γ_{max}=4%

续图 2-27

　　统计了不同竖向应力及剪切应变幅值作用下土工袋组合体在第 10 次水平循环剪切过程中的剪切应力峰值,绘制出不同竖向应力条件下土工袋组合体的骨干曲线,如图 2-28 所示。随着竖向应力以及剪切应变幅值的增大,土工袋组合体的剪切应力逐渐增大并趋于稳定,在竖向应力较大的情况下甚至出现剪切应力缓慢减小的趋势。在土工袋组合体开始发生层间滑移时,土工袋组合体的层间静止摩擦力转变为滑动摩擦力,由于滑动摩擦系数相对于静止摩擦系数要小,在滑移阶段对应的剪切应力也小于土工袋组合体的抗剪强度(峰值剪切应力)。

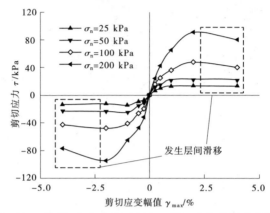

图 2-28　不同竖向应力作用下土工袋组合体的骨干曲线

2. 动力参数分析

为了解水平循环剪切过程中土工袋组合体的动力参数变化情况,分别根据式(2-14)及式(2-15)计算得到土工袋组合体经过 10 次水平循环剪切后的动剪切模量 G_d 及等效阻尼比 λ。图 2-29 为土工袋组合体动剪切模量随竖向应力及剪切应变幅值的变化。可以看出:①在相同剪切应变幅值条件下,土工袋组合体的动剪切模量随着竖向应力的增大而增大,表明在竖向应力较小的情况下,土工袋组合体的柔性较为显著,即更容易发生剪切变形,能够更好地发挥其阻尼耗能作用;②在相同竖向应力作用下,土工袋组合体的动剪切模量随着剪切应变幅值的增大而逐渐减小,且随着剪切应变幅值的增大,土工袋组合体的动剪切模量在其发生层间滑移后逐渐趋于一个较小的稳定值。

图 2-30 为土工袋组合体等效阻尼比随竖向应力及剪切应变幅值的变化。由图 2-30 可见:①在相同剪切应变幅值情况下,土工袋组合体的等效阻尼比随着竖向应力的增大逐渐减小并趋于稳定,也就是说,当竖向应力达到一定值后,土工袋组合体的阻尼耗能效果较为稳定,基本不受竖向应力的影响;②在相同竖向应力作用下,土工袋组合体的等

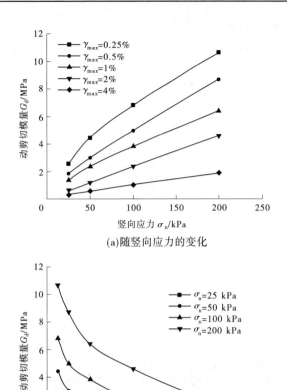

(a)随竖向应力的变化

(b)随剪切应变幅值的变化

图 2-29　土工袋组合体动剪切模量随竖向应力及剪切应变幅值的变化($N=10$)

效阻尼比随着剪切应变幅值的增大逐渐增大,并且在竖向应力较小的
情况下土工袋组合体的等效阻尼比更容易进入稳定阶段;③值得注意
的是,在竖向应力较小且剪切应变幅值足够大的情况下,土工袋组合体
的等效阻尼比明显增大,这是由于土工袋在剪切应变幅值较大的情况
下发生层间滑移,在此阶段除袋体自身剪切变形产生的耗能外,层间滑
移也产生了部分摩擦耗能,使得土工袋组合体的阻尼耗能水平提升,相

应地其等效阻尼比也显著增大。

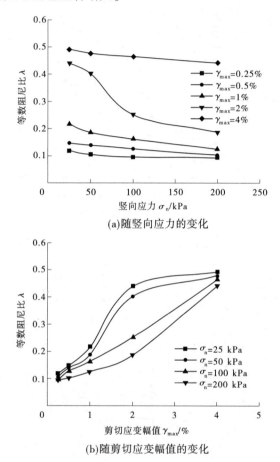

(a)随竖向应力的变化

(b)随剪切应变幅值的变化

图 2-30　土工袋组合体等效阻尼比随竖向应力及剪切应变幅值的变化($N=10$)

　　为了对比土工袋与袋内材料(砂土)的阻尼耗能特性,给出了试验得到的土工袋单元体、土工袋组合体及砂土等效阻尼比随剪切应变幅值的变化,如图 2-31 所示。由图 2-31 可见,在剪切应变幅值较小的情况下,土工袋与砂土的等效阻尼比较为接近,此时土工袋的伸缩变形量也相应较小,对于提高整体的阻尼耗能水平效果并不显著;随着剪切应变幅值的增大,袋体的伸缩变形量随之增大,在相同竖向应力作用下,袋体的约束作用使得袋内土颗粒间相互作用产生的摩擦耗能明显大于砂土,相应地其等效阻尼比也在此阶段呈现出明显的增长趋势;当剪切应变幅值足够大时,土工袋组合体开始发生层间滑移,等效阻尼比明显大于土工袋单元体,这是因为对于土工袋组合体来说,除袋体的剪切变形外,层间滑移产生的摩擦耗能也促进了其阻尼耗能作用。总的来说,作为减隔震材料,土工袋主要是通过袋体的伸缩变形、袋内土体的剪切变形及袋体的层间滑移产生摩擦耗能以达到阻尼耗能的效果,且在剪切变形量较大时,其阻尼耗能效果更加显著。

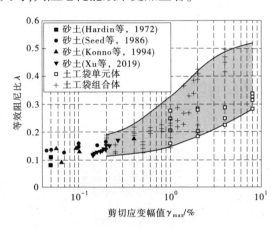

图 2-31 土工袋及袋内材料等效阻尼比随剪切应变幅值的变化

3. 竖向位移

图 2-32 为竖向应力 $\sigma_n = 200$ kPa 情况下土工袋组合体在不同剪切应变幅值作用下的竖向应变累积情况,其剪切应力–剪切应变滞回曲线如图 2-27(d)所示。可以看出,土工袋组合体在剪切过程中整体呈现出剪缩,在剪切应变幅值较大时产生一定程度的剪胀,总体来说,随着循环次数的增加,土工袋组合体的竖向应变累积量逐渐趋于稳定。而且,在土工袋组合体发生层间滑移过程中(剪切应变幅值 $\gamma_{max} = 4\%$),其竖向应变基本保持稳定,也就是说,土工袋组合体发生层间滑移并不会对其竖向变形稳定性造成影响。

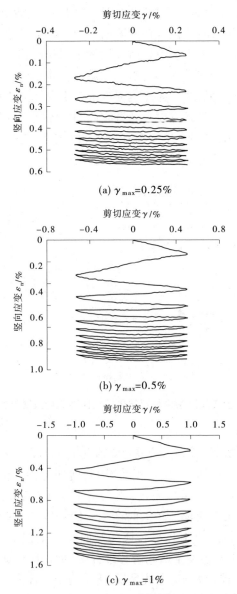

(a) $\gamma_{max}=0.25\%$

(b) $\gamma_{max}=0.5\%$

(c) $\gamma_{max}=1\%$

图 2-32　土工袋组合体竖向应变−剪切应变曲线($\sigma_n=200$ kPa)

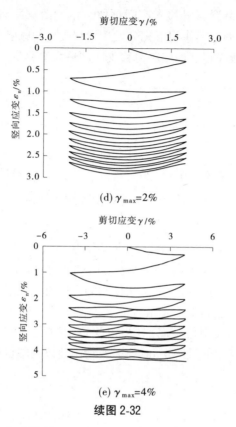

(d) $\gamma_{max}=2\%$

(e) $\gamma_{max}=4\%$

续图 2-32

2.2.2.3　限位方法探讨

已有的研究表明,土工袋的减隔震机制主要可以分为袋体伸缩变形及袋内材料剪切变形产生耗能、土工袋层间滑移产生的摩擦耗能以及袋间空隙阻隔地震波的传递三部分。这其中,地震力作用下土工袋层间发生滑移后产生的摩擦耗能对其减隔震效果在一定程度上具有促进作用,但是在强震作用下,过大的层间滑移不利于上部结构及基础的稳定性,并且会给上部结构的设计带来困难,从而影响建筑物的使用功能及使用寿命。因此,有必要对土工袋减隔震垫层采取限位措施。

目前对于中低层建筑结构,较多采用石墨烯等材料制作的滑移支座作为减隔震措施,在其滑移支座四周安装由钢棒或弹簧制作的限位装置,并在限位装置与滑移支座间预留一定的滑移距离,如图 2-33 所示,以确保在多遇地震作用下充分发挥滑移支座的减隔震效果,而在罕遇地震作用下最大程度地控制滑移支座的最大滑移量。

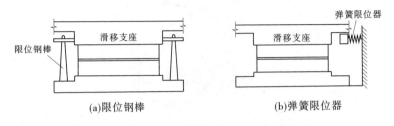

(a)限位钢棒　　　　　　　　　　(b)弹簧限位器

图 2-33　常见的减隔震支座限位措施

参照滑移支座采用的限位措施,本书提出了一种经济实用的土工袋减隔震垫层限位措施,即在土工袋减隔震垫层外围采用由钢筋制作的限位框,如图 2-34 所示。为了验证此钢筋限位框在土工袋减隔震垫层滑移情况下的限位效果,在前文使用的三层土工袋组合体基础上,开展了具有限位功能的土工袋组合体室内循环剪切试验,通过比较采用不同直径的纵筋及预留距离(自由滑移量)情况下土工袋组合体的动力特性参数和产生的最终层间滑移量,给出建议的限位框设计参数。

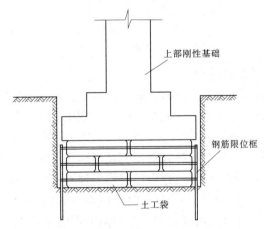

图 2-34　土工袋减隔震垫层限位措施

　　具有限位功能的土工袋组合体见图 2-35。为模拟在实际施工过程中将纵筋部分插入夯实后的地基土这一工况,试验过程中将纵筋底部固定于承压板预先开好的孔中,箍筋则沿高度方向于各层土工袋 1/2 高度处布置,并将纵筋约束于箍筋套内;在纵筋与箍筋的各交叉处采用扎丝进行简易绑扎,以确保剪切过程中箍筋沿高度方向不发生错动。

图 2-35　具有限位功能的土工袋组合体

　　各组试样分别进行 10 个周期的等幅循环剪切,剪切应变幅值为 4%,试验考虑纵筋直径和纵筋与土工袋组合体间的预留距离等因素在不同竖向应力作用下对土工袋组合体动力特性参数和层间滑移量的影响,设计了不同的试验工况,试验方案见表 2-5。

表 2-5　试验方案

序号	试样编号	竖向应力 σ_n/kPa	纵筋直径 ϕ_l/mm	箍筋直径 ϕ_h/mm	箍筋数量	预留距离 d_0/cm
1	P100-LD8-R0		8			
2	P100-LD10-R0	100	10			
3	P100-LD12-R0		12			
4	P100-LD14-R0	50	14			0
5	P25-LD12-R0	25				
6	P50-LD12-R0	50				
7	P25-LD12-R2.5	25		6	3	
8	P50-LD12-R2.5	50				2.5
9	P100-LD12-R2.5	100	12			
10	P25-LD12-R5	25				
11	P50-LD12-R5	50				5
12	P100-LD12-R5	100				

1. 纵筋直径的影响

图 2-36 给出了不同纵筋直径条件下使用限位框的土工袋组合体在多次循环剪切后的剪切应力-剪切应变滞回曲线。由图 2-36 可见,纵筋直径对滞回曲线的形态影响较为显著,采用直径较小的纵筋进行限位时,试样的滞回曲线相对较为饱满,形态与未采用限位框的土工袋组合体滞回曲线较为接近;随着纵筋直径的增大,试样的滞回曲线逐渐变得狭长,卸载段斜率明显减小,表明土工袋组合体的塑性变形减小。由于采用直径较大纵筋的限位框抗剪强度相对较高,在相同的变形条件下,其对土工袋组合体产生的约束力也较大,使得在土工袋发生滑移后产生的附加剪切应力随剪切应变的变化较为显著。

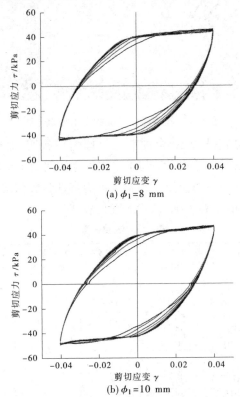

(a) $\phi_1 = 8$ mm

(b) $\phi_1 = 10$ mm

图 2-36　不同纵筋直径条件下限位土工袋组合体的剪切应力-剪切应变
滞回曲线($\sigma_n = 100$ kPa)

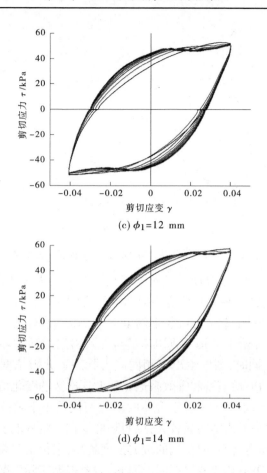

(c) $\phi_1 = 12$ mm

(d) $\phi_1 = 14$ mm

续图 2-36

图 2-37 统计了使用不同直径限位框情况下土工袋组合体在水平循环剪切过程中产生的峰值剪切应力。在剪切过程中,限位框能够对土工袋组合体产生明显约束,导致其在相同剪切应变幅值条件下产生了更大的剪切应力,而限位框纵筋直径直接影响了土工袋组合体的抗剪强度,选用的限位框纵筋直径越大,土工袋组合体的抗剪强度越大。

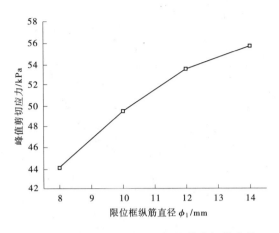

图 2-37　峰值剪切应力随限位框纵筋直径的变化

　　为了进一步了解纵筋直径对土工袋组合体动力参数的影响,基于图 2-36 的剪切应力–剪切应变滞回曲线和式(2-14)、式(2-15),计算得到了不同直径纵筋制成的限位框约束下土工袋组合体的动剪切模量与等效阻尼比,并给出了其动剪切模量与等效阻尼比随循环次数的变化(见图 2-38);同时,图中给出了相同应力状态下无限位框约束下土工袋组合体的动剪切模量和等效阻尼比随循环次数的变化情况。对比发现,无限位框约束下土工袋组合体的动剪切模量小于限位土工袋组合体,而其等效阻尼比则明显较大,说明限位框在一定程度上会影响土工袋组合体的动力特性,限位框的抗剪强度越高,限位土工袋组合体的整体刚度越大,阻尼耗能效果越弱。因此,需要根据实际工况选出合适的限位钢筋型号范围以达到协调限位装置限位能力和土工袋垫层减隔震效果的目的。

　　图 2-39 为竖向应力 $\sigma_n = 100$ kPa,使用不同纵筋的限位钢筋约束下土工袋组合体在水平循环剪切结束后产生的残余滑移量。可以发现,相比较未使用限位框的土工袋组合体产生的残余滑移量(45.52 mm),使用限位框的土工袋组合体产生的残余滑移量均明显减小,使用四种不同直径纵筋限位框的土工袋组合体产生的残余滑移量分别为 16.74 mm、12.53 mm、8.57 mm、2.34 mm,残余滑移控制率分别达到了

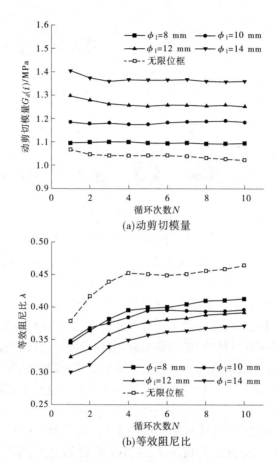

(a)动剪切模量

(b)等效阻尼比

图 2-38　不同纵筋直径情况下动力参数的变化

63%、72%、81%、95%,即使用钢筋限位框能够有效解决土工袋组合体在地震惯性力作用下可能产生较大不可恢复的层间滑移这一问题。

2. 预留间距的影响

考虑到限位框与土工袋组合体之间的预留间距是影响土工袋垫层动力特性的因素之一,也是设计与现场施工需要考虑的关键因素,选用纵筋 12 mm 的限位框对土工袋组合体开展了相关试验,限位框与土工袋组合体间的预留间距根据前文无限位框工况下土工袋组合体在水平

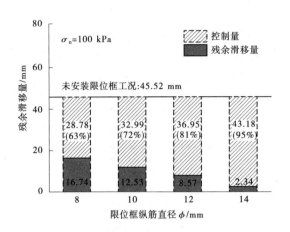

图 2-39　不同纵筋直径下的残余滑移量

循环剪切后产生的最大滑移量确定,考虑预留间距为 0 cm、2.5 cm、5 cm 情况下土工袋组合体的动力参数以及层间滑移量。

　　图 2-40 为不同竖向应力条件下使用钢筋限位框的土工袋组合体动剪切模量随循环次数的变化。可以发现,随着竖向应力的增大,限位框对土工袋组合体整体刚度的影响越大,在竖向应力较大的情况下,使用限位框的土工袋组合体动剪切模量明显大于无限位框作用的土工袋组合体。限位框与土工袋组合体之间的预留间距也对土工袋组合体的动力特性产生了显著的影响,随着预留间距的增大,土工袋组合体的动剪切模量逐渐接近于无限位框作用的土工袋组合体试验结果。在竖向应力较小($\sigma_n = 25$ kPa)的情况下,使用限位框的土工袋组合体动剪切模量在水平循环剪切过程中发生了明显的转折现象,这是由于土工袋组合体在水平循环剪切初期产生的残余滑移量较小,限位框未发挥限位作用;随着层间残余滑移量的逐渐增大,限位框在土工袋组合体剪切过程中产生约束,相应地动剪切模量也明显增大。在竖向应力较大($\sigma_n = 50$ kPa、100 kPa)的情况下,限位框不仅能够有效限制土工袋组合体的残余滑移量,并且在水平循环剪切过程中能够保持稳定的动剪切模量。

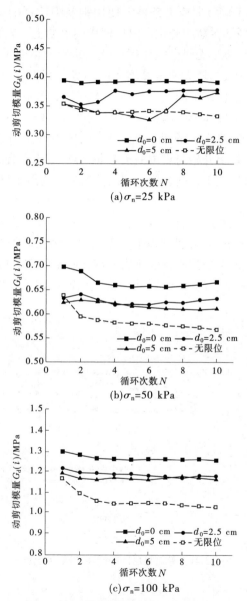

(a)σ_n=25 kPa

(b)σ_n=50 kPa

(c)σ_n=100 kPa

图 2-40　动剪切模量随循环次数的变化

　　图 2-41 为不同竖向应力条件下使用钢筋限位框的土工袋组合体等效阻尼比随循环次数的变化。限位框作用下的土工袋组合体等效阻尼比整体变化趋势与无限位框作用的土工袋组合体基本一致,基本上呈现出随循环次数的增大而整体增大的趋势。其中,在竖向应力较小的情况下,限位框作用下的土工袋组合体的等效阻尼比呈现出了先增大后减小,随后缓慢增长的趋势,其中初期的增长阶段主要是由于土工袋层间发生滑移,阻尼耗能程度随之增加;随着残余滑移量的逐渐增大,滑出的土工袋层开始与限位框接触,限位框对土工袋组合体产生约束力,使得此时的土工袋组合体受到的剪切应力也逐渐增大,整体刚度增加,相应地其等效阻尼比有所减小;待限位框对土工袋组合体产生的约束力稳定后,此时土工袋组合体产生的层间滑移量也基本接近可能产生的最大残余滑移,剪切过程中土工袋组合体与限位框形成整体共同发生剪切变形,考虑到限位框所用的钢筋属于延性材料,剪切过程中仍会产生一定程度上的变形,因此等效阻尼比在这一阶段呈现出缓慢增长的趋势。

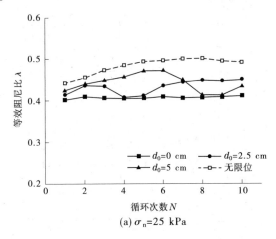

(a) $\sigma_n = 25$ kPa

图 2-41　等效阻尼比随循环次数的变化

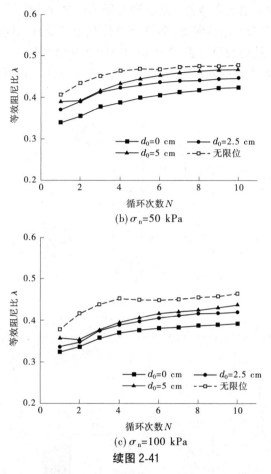

(b) $\sigma_n=50$ kPa

(c) $\sigma_n=100$ kPa

续图 2-41

　　图 2-42 为不同预留间距条件下土工袋组合体在水平循环剪切结束后产生的残余滑移量。可以发现,在不同竖向应力工况下,限位框对土工袋组合体的限位效果随着预留间距的增大逐渐减弱,预留间距越大,土工袋组合体在水平循环剪切初期可产生的自由滑移量就越大,使得限位框的作用范围减小,因此限位能力也受到了影响。由图 2-42 可见,使用限位框后土工袋组合体的限位控制量也受竖向应力和预留间距的影响,总的来说,竖向应力越小,预留间距越小,则限位控制量越

大,限位控制率也随之增大。反映到实际工程中,即上部结构层数较少的建筑更需要布置限位装置,能够有效控制土工袋减隔震垫层的层间滑移量,提高结构的稳定性;而预留间距的选择则需要在控制土工袋组合体层间残余滑移的同时,尽量不影响土工袋组合体自身的阻尼耗能特性。

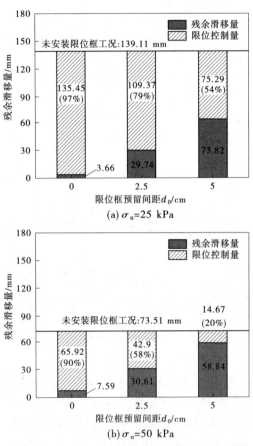

图 2-42　不同预留间距条件下的残余滑移量

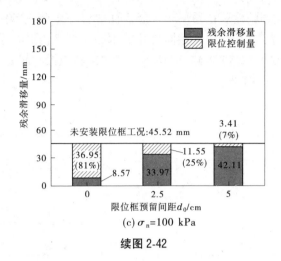

(c) $\sigma_n=100$ kPa

续图 2-42

2.3　土工袋组合体竖向激振试验

前面通过水平循环剪切试验,研究反映了土工袋组合体阻尼消能特性的动力参数变化。下面通过竖向激振试验,验证土工袋组合体的竖向减振效果,并研究分析不同袋内材料、土工袋层数及排列方式对竖向减振效果的影响。

2.3.1　试验概况

土工袋竖向减振试验在内部尺寸为 45 cm×45 cm×50 cm 的木制模型箱内进行。试验用编织袋原材料为聚丙烯(PP),单位面积质量(克重)110 g/m^2,经、纬向拉力强度分别为 25 kN/m 与 16.2 kN/m,经、纬向伸长率≤25%;袋内材料分别选取河砂和开挖壤土,其颗粒级配曲线如图 2-18 所示。每个聚丙烯编织袋内,袋内材料充填量控制在 70%~80%,土工袋成形后尺寸为 40 cm×40 cm×8 cm(长×宽×高)。图 2-43(a)为土工袋竖向激振试验的示意图。每次试验在模型箱内垂直放入五个土工袋,每放置一个土工袋均进行击实整平,并用相应的袋内材料将模型箱四周空隙填满,在模型箱底部及土工袋层间各布设一个加速度传感器,然后在顶层土工袋表面放置一个频率 50 Hz 的电动激振器。为了进行对比,在相同尺寸的木制模型箱内进行了相应袋内材料的激振试验,如图 2-43(b)所示。每次试验激振时间为 20 s。

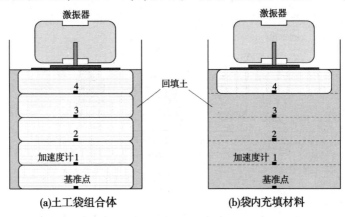

图 2-43　竖向激振试验示意图

2.3.2　试验结果与分析

2.3.2.1　最大加速度

考虑到试验时激振器的振动加速度不稳定,为更方便、准确地比较各种工况下土工袋的竖向减振效果,对实测的绝对加速度反应进行归一化处理,即对于每次试验,各层实测加速度反应均同时乘以一相同的系数,使得顶层土工袋最大加速度归一化后的值为 $1g$,同时保持各层竖向加速度衰减率不变。

图 2-44、图 2-45 分别为内装河砂的土工袋各层及河砂各测点归一化后的加速度时程曲线。图 2-46 为两种不同袋内材料的土工袋与袋内材料各层最大加速度相对于最顶层(第 4 层)最大加速度的百分比的对比图。由图 2-46 可见,相同位置处的测点,土工袋的加速度显然要比袋内材料的要小,且沿深度方向测点加速度逐渐减小。

试验的两种不同袋内材料及其所形成的土工袋归一化后各层最大加速度及沿竖向的衰减率汇总于表 2-6。归一化后各层最大加速度与所对应的层数关系如图 2-47 所示。可见,在相同的条件下,将不

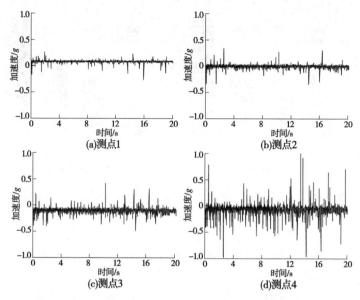

图 2-44 内装河砂的土工袋归一化后的加速度时程曲线

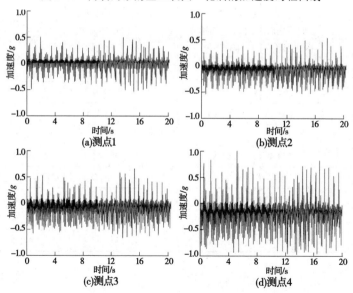

图 2-45 河砂归一化后的加速度时程曲线

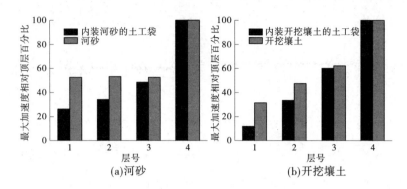

图 2-46　各层最大加速度相对于顶层最大加速度的百分比的对比

同袋内材料装入袋子形成土工袋后,其加速度沿竖向的衰减率均可达到 70% 以上,相对于未装袋的材料提高了 20% 以上,表明土工袋具有较好的竖向减振效果。

表 2-6　不同袋内材料及其土工袋各层最大加速度与竖向衰减率

层号	土工袋	土工袋归一化后的最大加速度/g	土工袋加速度衰减率/%	袋内材料	袋内材料归一化后的最大加速度/g	袋内材料加速度衰减率/%
4	内装开挖壤土的土工袋	1.0		开挖壤土	1.0	
3		0.603 9	39.61		0.625 0	37.5
2		0.327 3	67.27		0.473 7	52.63
1		0.110 4	88.96		0.311 2	68.88
4	内装河砂的土工袋	1.0		河砂	1.0	
3		0.482 8	51.72		0.657 8	34.22
2		0.338 9	66.11		0.531 0	46.90
1		0.265 0	73.50		0.527 4	47.26

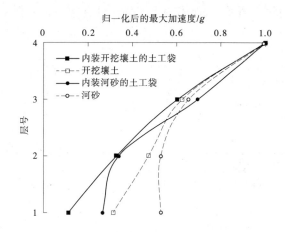

图 2-47　袋内材料及其土工袋各层最大加速度分布

2.3.2.2　频响函数

　　频响函数是在频域中描述系统输入-输出传递特性的一种函数，平稳随机激励时，是指输出和输入的互谱与输入的自谱之比。这里假设输入信号 $f(t)$ 和输出信号 $x(t)$ 的频谱分别为 $F(f)$ 和 $X(f)$，输出和输入的互谱为 G_{XF}，输入的自谱为 G_{FF}，则这两个信号之间的频响函数 $H(f)$ 表示为

$$H(f) = G_{XF}/G_{FF} \tag{2-16}$$

　　以图 2-43 所示基准点为参考点，对各层土工袋及袋内材料的加速度幅值进行频响函数分析，其结果如图 2-48 所示。由此得到的共振频率及相应的频响函数值见表 2-7，并绘于图 2-49 中。由于本试验是在上方激励，故共振频率下频响函数 $H(f)$ 越大，说明减振效果越好。可见，对于试验的两种袋内材料与相应的土工袋，其频响函数均是从上至下逐层减小（河砂在第 2 层出现一奇异点），对于每一层来说，除开挖壤土由于制样时不易击实导致第 2 层共振频率下的频响函数大于内装开挖壤土的土工袋外，土工袋的频响函数均大于相应的袋内材料的频响函数，进一步表明土工袋较其袋内材料具有更好的减振效果。另外，从共振频率来看，对于试验的袋内材料，土工袋的共振频率均小于相应

袋内材料的共振频率,从而表明土工袋还具有减小共振频率、延长自振周期的作用。

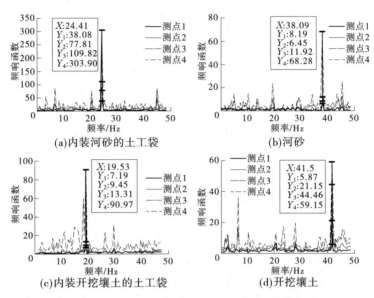

图 2-48　袋内材料及相应土工袋的频响函数

表 2-7　两种袋内材料及相应土工袋共振频率 f 下的频响函数 $H(f)$ 汇总

层号	内装河砂的土工袋 ($f=24.41$ Hz)	河砂 ($f=38.09$ Hz)	内装壤土的土工袋 ($f=19.53$ Hz)	壤土 ($f=41.50$ Hz)
1	38.08	8.19	7.19	5.87
2	77.81	6.45	9.45	21.15
3	109.82	11.92	13.31	44.46
4	303.90	68.28	90.97	59.15

2.3.2.3　土工袋层数及排列方式的影响

由上述试验结果可见,对于试验采用的两种袋内材料的土工袋均有较好的减振效果。下面采用内装河砂的土工袋进行不同层数及不同排列方式的竖向激振试验。为研究土工袋竖向振动衰减随高度(层数)的变化规律,进行了图 2-50 所示的不同层数(3~8 层)土工袋的竖向激振试验。

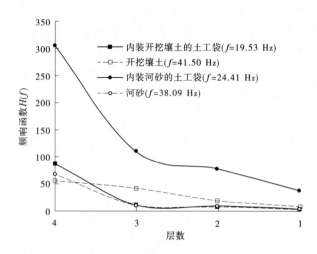

图 2-49　袋内材料及相应土工袋共振频率下的频响函数 $H(f)$

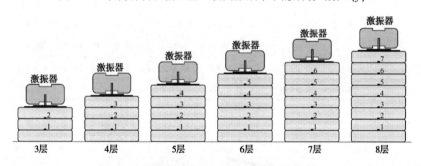

图 2-50　不同层数土工袋激振试验示意图

　　同样,将实测的最大加速度进行归一化处理,使最顶层土工袋的最大加速度为 $1g$。各测点归一化后的最大加速度及其相对于顶部测点的最大加速度衰减率示于表 2-8 中。图 2-51 为不同层数土工袋归一化后的实测最大加速度及其竖向衰减率沿高度方向的分布;图 2-52 为不同层数土工袋最底层相对于最顶层最大加速度衰减率。可见,对于不同层数的土工袋试样,从顶层开始往下,第 1 层到第 2 层和第 3 层的最大加速度衰减率都比较大,从第 3 层以下衰减率增加不明显。从

图 2-52 可以看出,4 层土工袋以上时,最底层相对于最顶层最大加速度衰减率与土工袋层数关系不大,说明土工袋竖向的减振效果主要集中在顶部 3 层土工袋内,实际应用中设置 3~4 层土工袋即能达到较好的减振效果。

表 2-8　不同层数土工袋归一化后最大加速度及其相对于顶层土工袋的衰减率

层数	层号	归一化后的最大加速度/g	加速度衰减率/%	层数	层号	归一化后的最大加速度/g	加速度衰减率/%	层数	层号	归一化后的最大加速度/g	加速度衰减率/%
3层				4层				5层	4	1.0	
					3	1.0			3	0.583 2	41.68
	2	1.0			2	0.537	46.3		2	0.462 9	53.71
	1	0.638	36.2		1	0.318 5	68.15		1	0.291 8	70.82
6层				7层				8层	7	1.0	
					6	1.0			6	0.604 6	39.54
	5	1.0			5	0.584 6	41.54		5	0.381 5	61.85
	4	0.808 2	19.18		4	0.282 3	71.77		4	0.271 2	72.88
	3	0.473 8	52.62		3	0.259	74.1		3	0.218 9	78.11
	2	0.397 5	60.25		2	0.216 7	78.33		2	0.203	79.7
	1	0.264 9	73.51		1	0.120 5	87.95		1	0.098 3	90.17

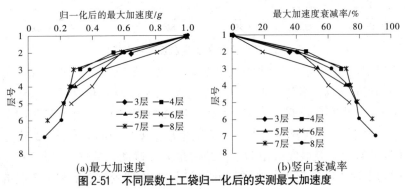

(a)最大加速度　　　　　　　　(b)竖向衰减率

图 2-51　不同层数土工袋归一化后的实测最大加速度

及其竖向衰减率沿高度方向的分布

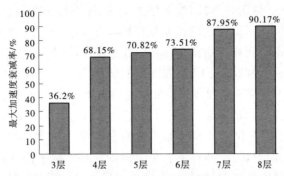

图 2-52　不同层数土工袋最底层相对于最顶层最大加速度衰减率

　　以上进行的试验中,土工袋采用直列布置,而在实际工程应用中,土工袋通常采用交错排列方式,如图 2-53(a)所示。为此,进行了土工袋交错排列与直列排列两种方式下的激振试验,以比较其竖向减振

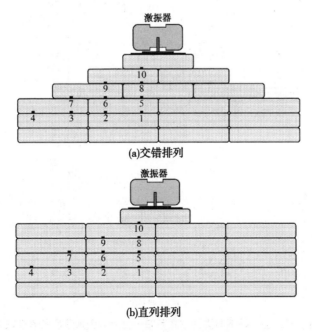

(a)交错排列

(b)直列排列

图 2-53　土工袋两种不同排列方式

效果的差异。试验时,每铺设一层土工袋,即进行击实整平,然后设置加速度传感器,铺设完成后在其顶部铺一土工袋以便放置激振器。每次试验,激振时间均控制在 20 s。为减小边界效应,两种排列方式下均在底部直列铺设两层土工袋,如图 2-53 所示。

图 2-54 为两种排列方式下各测点归一化后最大加速度(方框内数值)及沿箭头方向的衰减率(用百分比表示)。由图 2-54 可见,两种排列方式下土工袋沿水平方向加速度的衰减率均较大(第三层底部达 90% 以上),但沿竖直方向,土工袋交错排列时衰减率较直列排列时要大,这主要是因为交错排列时,上层土工袋的竖向振动同时传递至下层两个土工袋,从而使得其竖向加速度衰减较大。

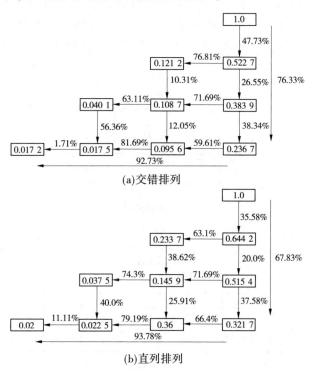

(a)交错排列

(b)直列排列

图 2-54　土工袋不同排列方式下归一化后最大加速度及其衰减率

2.4　土工袋减震消能机制 DEM 模拟

　　土工袋单元体的减隔震作用原理在于在振动荷载作用下,袋子的伸缩变形和袋子内部土颗粒之间的摩擦运动各消耗一部分能量。在振动荷载作用下,土工袋整体发生压缩变形,引起袋子伸长,从而在袋子中产生一个张力 T,袋子的伸缩变形及张力的作用消耗了部分振动能量;同时,袋子张力反过来约束土工袋内部的土体,使得土工袋内部土颗粒间的接触力 N 增大。根据摩擦定律,接触力 N 增大,土颗粒间的摩擦力也就增大,土颗粒间摩擦运动消耗能量也增加。如果是多个土工袋的组合体,土工袋之间的空隙截断了部分振动能传播的途径,也是消能减震的主要因素之一。下面通过颗粒离散单元法(DEM)的数值模拟,从能量耗散的角度研究土工袋的减震消能机制。

2.4.1　模拟方法介绍

2.4.1.1　土工袋的接触模型

　　离散单元法(DEM)按时步迭代的方法求解每个离散单元的运动方程,继而求得离散介质整体的运动形态。计算时假定散粒单元是刚性的,不会因挤压而发生改变,但允许单元接触处有一定的重叠变形。在颗粒离散单元中,宏观系统的力学行为通过细观颗粒间的接触模型体现出来。在土工袋的离散元模拟计算中,袋内土颗粒间的接触简化为弹簧-阻尼器-滑块模型,如图 2-55(a)所示;而袋子颗粒间的接触简化为皮筋-阻尼器模型,如图 2-55(b)所示。

　　如图 2-55(a)所示,土体颗粒的法向、切向均并行设有弹簧和黏滞阻尼器,弹簧的法向、切向刚度分别为 k_N、k_S,黏滞阻尼器的法向、切向阻尼系数分别为 η_N、η_S;在颗粒接触面的切线方向设置滑块,用以判断颗粒接触面是否滑移,即当切向弹簧力的绝对值超过接触面的最大静摩擦力时,颗粒产生相对滑移,切向弹簧力与切向阻尼力消失,切向作用力变为滑动摩擦力;同时颗粒间设有分离器,当颗粒分离(无接触)时,颗粒间的弹簧力、阻尼力及滑动力均消失。设置黏滞阻尼器的作用是为了消耗系统在动力计算模拟时产生的动能,从而保证通过一定数量的迭代后系统不会产生振荡,最后得到稳定的解。

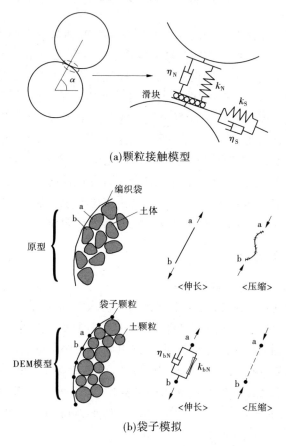

(a)颗粒接触模型

(b)袋子模拟

图 2-55　土工袋 DEM 模拟计算接触模型

如图 2-55(b)所示,土工袋中的编织袋被简化成一系列半径远小于土颗粒半径的圆盘颗粒串联而成,并对袋内土颗粒产生约束作用。由于编织袋这种柔性材料,在实际受力过程中只存在轴向的拉力作用,不发生剪切破坏,故在袋子颗粒 a 与 b 之间只设置法向作用力,包括一个皮筋模型和一个黏滞阻尼器,黏滞阻尼器的作用同前所示,阻尼系数

为 η_{bN}。而这里设置的皮筋模型是为了反映袋子只受拉不受压的特殊性质,即当颗粒 a 与 b 之间的距离超过了初始值时,表现为拉力效果,弹性系数 k_{bN} 和阻尼系数 η_{bN} 发挥作用;而当颗粒 a 与 b 之间的距离小于或等于初始值时,表现为自由状态,弹性系数 k_{bN} 和阻尼系数 η_{bN} 均变为零。

2.4.1.2　颗粒接触力计算

采用瞬时动态松弛法根据系统内部的应力变化对每个颗粒的空间位置逐个进行调整。某个时刻颗粒在受到外力和自身重力的作用下产生位移,从而确立新的空间位置,引起与相邻颗粒间接触关系的变化,原先的接触点可能消失,也可能产生新的接触点,打破原始的平衡状态,在不平衡力和力矩的作用下,产生新的位移,如此循环,力从一个颗粒传递给其他颗粒,直到各颗粒的作用力均达到平衡为止。而这种力的传递通过颗粒的接触实现,在颗粒离散单元法中,一般假定两颗粒间的相互作用力与颗粒重合量 Δu 有关,如图 2-56 所示。

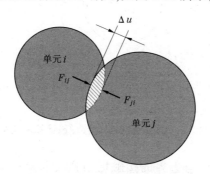

图 2-56　圆盘颗粒的接触作用形式

以半径分别为 R_i 和 R_j 的两个圆盘颗粒为例,当它们圆心之间的距离 R_{ij} 小于两颗粒半径之和时,颗粒间发生重合,表示两颗粒已经接触。因此颗粒的接触条件可以简单表示为

$$R_i + R_j > R_{ij} \tag{2-17}$$

假设颗粒 i 的坐标为 (x_i, y_i),颗粒 j 的坐标为 (x_j, y_j),如图 2-57 所示,在一个计算时步 Δt 内,颗粒 i、j 的位移增量可用 $(\Delta x_i, \Delta y_i,$

$\Delta\varphi_i$）、（Δx_j，Δy_j，$\Delta\varphi_j$）表示，则两颗粒间的相对位移增量可表示为

$$\left.\begin{aligned} \Delta u_N &= (\Delta x_i - \Delta x_j)\cos\alpha_{ij} + (\Delta y_i - \Delta y_j)\sin\alpha_{ij} \\ \Delta u_S &= -(\Delta x_i - \Delta x_j)\sin\alpha_{ij} + (\Delta y_i - \Delta y_j)\cos\alpha_{ij} + (R_i \cdot \Delta\varphi_i + R_j \cdot \Delta\varphi_j) \end{aligned}\right\}$$
$$(2\text{-}18)$$

式中：Δu_N、Δu_S 分别表示颗粒 i、j 间沿接触面的法向、切向相对位移增量，其中 Δu_N 以压为正，Δu_S 以逆时针方向为正；α_{ij} 为颗粒圆心连线与坐标轴 X 的夹角。

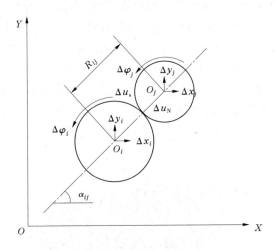

图 2-57　颗粒间相对位移增量计算示意图

　　颗粒间或颗粒与边界的接触均用弹簧和阻尼器来模拟，通过弹力-位移定律，可计算出由相对位移增量 Δu_N 引起的法向接触力增量 Δe_N 和由相对速度 $\Delta u_N / \Delta t$ 引起的法向阻尼力增量 d_N，即

$$\Delta e_N = k_N \Delta u_N \tag{2-19}$$

$$d_N = \eta_N \frac{\Delta u_N}{\Delta t} \tag{2-20}$$

式中：k_N 为法向刚度系数；η_N 为法向阻力系数。

　　任意时刻 t，两颗粒间总法向接触力为

$$[f_N]_t = [e_N]_t + [d_N]_t \tag{2-21}$$

其中

$$[e_{\mathrm{N}}]_t = [e_{\mathrm{N}}]_{t-\Delta t} + \Delta e_{\mathrm{N}}$$

$$[d_{\mathrm{N}}]_t = d_{\mathrm{N}} \tag{2-22}$$

当 $[e_{\mathrm{N}}]_t < 0$ 时，$[e_{\mathrm{N}}]_t = [d_{\mathrm{N}}]_t = 0$。

同时，在两颗粒间的总切向接触力可写成

$$[f_{\mathrm{S}}]_t = [e_{\mathrm{S}}]_t + [d_{\mathrm{S}}]_t \tag{2-23}$$

其中

$$[e_{\mathrm{S}}]_t = [e_{\mathrm{S}}]_{t-\Delta t} + \Delta e_{\mathrm{S}} = [e_{\mathrm{S}}]_{t-\Delta t} + k_{\mathrm{S}} \Delta u_{\mathrm{S}} \tag{2-24}$$

$$[d_{\mathrm{S}}]_t = d_{\mathrm{S}} = \eta_{\mathrm{S}} \frac{\Delta u_{\mathrm{S}}}{\Delta t} \tag{2-25}$$

在切向方向上，颗粒的滑动遵循库仑摩擦定律，参见图 2-58。

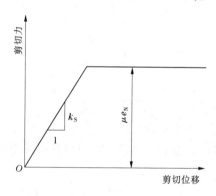

图 2-58　颗粒间切线方向力和位移关系(库仑摩擦定律)

如果 $[e_{\mathrm{N}}]_t < 0$，则

$$[e_{\mathrm{S}}]_t = [d_{\mathrm{S}}]_t = 0 \tag{2-26}$$

当 $|[e_{\mathrm{S}}]_t| > \mu[e_{\mathrm{N}}]_t$ 时，则

$$[e_{\mathrm{S}}]_t = \mu[e_{\mathrm{N}}]_t \cdot \mathrm{sign}([e_{\mathrm{S}}]_t) \tag{2-27}$$

$$[d_{\mathrm{S}}]_t = 0 \tag{2-28}$$

式中：$\mu = \tan\varphi_{\mu}$，φ_{μ} 为颗粒间摩擦角。

2.4.1.3　颗粒加速度、速度和位移计算

在任意时刻 t，一旦确定了某个颗粒 i 各个接触点上的法向力和切

向力,那么对于颗粒 i 所有接触点上总的力的分量 $[F_{xi}]_t$、$[F_{yi}]_t$ 和力矩 $[M_i]_t$ 可写成

$$\left.\begin{aligned}
[F_{xi}]_t &= \sum_j \left(-[f_N]_t \cos\alpha_{ij} + [f_S]_t \sin\alpha_{ij}\right) + m_i g_x \\
[F_{yi}]_t &= \sum_j \left(-[f_N]_t \sin\alpha_{ij} + [f_S]_t \cos\alpha_{ij}\right) + m_i g_y \\
[M_i]_t &= -r_i \sum_j ([f_S]_t)
\end{aligned}\right\} \quad (2\text{-}29)$$

式中: m_i 和 (g_x, g_y) 分别表示颗粒 i 的质量和重力分量。

然后,根据牛顿第二定律,颗粒 i 在任意时刻 t 的加速度可用如下形式表示:

$$\left.\begin{aligned}
[\ddot{x}_i]_t &= \frac{[F_{xi}]_t}{m_i} \\
[\ddot{y}_i]_t &= \frac{[F_{yi}]_t}{m_i} \\
[\ddot{\varphi}_i]_t &= \frac{[M_i]_t}{I_i}
\end{aligned}\right\} \quad (2\text{-}30)$$

式中: I_i 为颗粒的运动惯性矩。

在一个计算时步 Δt 内,对上式进行积分可求得颗粒 i 的速度和位移增量,即

$$\left.\begin{aligned}
[\dot{x}_i]_t &= [\dot{x}_i]_{t-\Delta t} + [\ddot{x}_i]_t \cdot \Delta t \\
[\dot{y}_i]_t &= [\dot{y}_i]_{t-\Delta t} + [\ddot{y}_i]_t \cdot \Delta t \\
[\dot{\varphi}_i]_t &= [\dot{\varphi}_i]_{t-\Delta t} + [\ddot{\varphi}_i]_t \cdot \Delta t \\
[\Delta x_i]_t &= [\Delta \dot{x}_i]_t \cdot \Delta t \\
[\Delta y_i]_t &= [\Delta \dot{y}_i]_t \cdot \Delta t \\
[\Delta \varphi_i]_t &= [\Delta \dot{\varphi}_i]_t \cdot \Delta t
\end{aligned}\right\} \quad (2\text{-}31)$$

在时刻 t,颗粒的位置坐标和转动角度更新为

$$\left.\begin{array}{l} [x_i]_t = [x_i]_{t-\Delta t} + [\Delta x_i]_t \\ [y_i]_t = [y_i]_{t-\Delta t} + [\Delta y_i]_t \\ [\varphi_i]_t = [\varphi_i]_{t-\Delta t} + [\Delta \varphi_i]_t \end{array}\right\} \qquad (2\text{-}32)$$

2.4.1.4　能量耗散计算

土工袋单体的能量耗散分为袋内土颗粒与袋子本身所消耗能量两部分。颗粒的外力功可按公式 $W = F_x \cdot x + F_y \cdot y$ 来计算,重力做功按公式 $W_g = mg \cdot \Delta h$ 计算,动能利用公式 $W_k = \sum \dfrac{1}{2} mv^2$ 计算。

DEM 计算中内力功可等效为弹性应变能、阻尼(即滞回)耗能及摩擦耗能三部分,内力功分为袋子内部土颗粒与袋子本身两部分。

1. 袋子内部土颗粒

袋子内部土颗粒做功可按以下各部分分别进行计算。

法向弹性能:　　　　$W_{eN} = \sum [e_N]_t \Delta u_N$

法向阻尼(即滞回)耗能:　　　　$W_{dN} = \sum [d_N]_t \Delta u_N$

当颗粒未发生滑动时,切向弹性能:

$$W_{eS} = \sum \left[\frac{1}{2} k_S \cdot |\Delta u_S| + [e_S]_{t-\Delta t} \right] \Delta u_S$$

切向阻尼(即滞回)耗能:

$$W_{dS} = \sum \eta_S \Delta u_S^2 / \Delta t$$

若颗粒发生滑动,则摩擦力做功为

$$W_f = \sum [e_S]_t \cdot \Delta u_S$$

2. 袋子本身

由于袋子做伸缩变形,因此仅考虑存在法向要素,其模型与土颗粒法线方向模型相同,即

弹性能:

$$W_{ep} = \sum \frac{1}{2} k_{pN} \Delta u_{pN}^2$$

阻尼(即滞回)耗能:

$$W_{dp} = \sum \eta_{pN}\Delta u_{pN}^2/\Delta t$$

2.4.1.5　DEM 计算参数确定

DEM 计算参数包括计算时步和颗粒材料接触法向弹性刚度系数、切向弹性刚度系数、黏滞系数、颗粒摩擦角。

1. 计算时步 Δt

计算时步 Δt 是计算各颗粒运动方程的时间积分增量。在计算中，Δt 的取值对解的收敛稳定影响较大。计算时步 Δt 根据单自由度体系的运动方程式求得

$$\Delta t < \Delta t_c = 2\sqrt{\frac{m}{k}} \tag{2-33}$$

式中：m 为颗粒的质量；k 为弹簧刚度。

根据经验，通常采用 $\Delta t = \Delta t_c/10$。

2. 颗粒材料接触参数

颗粒间接触模拟采用的法向弹性刚度系数和切向弹性刚度系数分别为 k_N、k_S，相应的黏滞系数分别为 η_N、η_S，颗粒与板间接触模拟采用的法向弹性刚度系数和切向弹性刚度系数分别为 k'_N、k'_S，相应的黏滞系数分别为 η'_N、η'_S。根据弹性圆柱及圆柱与板的接触理论，直径为 D_1 和 D_2、弹性模量为 E，泊松比为 ν 的颗粒在单位长度荷载 q 的作用下法线方向弹性刚度系数 k_N 的计算公式如下：

$$k_N = \frac{\pi \cdot E}{2(1-\nu^2)\left(\frac{2}{3} + 2\ln\sqrt{1.6\dfrac{D_1+D_2}{2q} \cdot \dfrac{E}{1-\nu^2}}\right)} \tag{2-34}$$

直径为 D、弹性模量为 E、泊松比为 ν 的颗粒与弹性模量为 E'、泊松比为 ν' 的弹性板在单位长度荷载 q 的作用下法线方向弹性刚度系数 k'_N 的计算公式如下：

$$k'_N = \frac{\pi \cdot E}{2(1-\nu^2)\left(\frac{1}{3} + \ln\sqrt{1.6\dfrac{D}{q} \cdot \dfrac{E \cdot E'}{(1-\nu^2)E' + (1-\nu'^2)E}}\right)} \tag{2-35}$$

切线方向弹性刚度系数 k_S 和 k'_S 按照表面粗糙圆柱接触理论进行计算,公式如下:

$$k_S = a \cdot G\sqrt{q} \tag{2-36}$$

$$k'_S = a \cdot \frac{G + G'}{2}\sqrt{q} \tag{2-37}$$

式中: G 为颗粒的弹性剪切模量; G' 为弹性板弹性剪切模量; q 为单位长度所受的垂直荷载; a 通常取值为 $4.7 \times 10^{-5}(\text{m}^2/\text{N})^{1/2}$。

黏滞系数取单自由振动体系的临界衰减系数 η_c ,表示为

$$\eta_c = 2\sqrt{km} \tag{2-38}$$

多年来,本书课题组对铝棒材料进行了系列 DEM 数值模拟。因此,在研究土工袋减震消能机制时,也采用了铝棒材料。铝棒颗粒间摩擦角 φ_μ 由铝棒的摩擦试验确定为 16°。

根据上述计算参数确定方法,土工袋 DEM 的计算参数取值见表 2-9。

表 2-9　DEM 所用的材料参数

参数	袋内土颗粒间	袋子颗粒间	袋子与土间	土与刚性边间	袋子与刚性边间
$k_N/(\text{N/m}^2)$	9.0×10^9	9.0×10^8	9.0×10^8	1.8×10^{10}	1.8×10^9
$k_S/(\text{N/m}^2)$	1.2×10^8	0	1.4×10^7	2.4×10^8	2.8×10^7
$\eta_N/(\text{N} \cdot \text{s/m}^2)$	7.9×10^4	4.3×10^3	2.5×10^3	1.1×10^5	3.5×10^4
$\eta_S/(\text{N} \cdot \text{s/m}^2)$	9.0×10^3	0	1.2×10^4	1.2×10^4	4.3×10^2
$\varphi_\mu/(°)$	16	16	16	16	16
$\rho/(\text{kg/m}^3)$	2 700	2 700	2 700	2 700	2 700
$\Delta t/\text{s}$	2.0×10^{-7}	2.0×10^{-7}	2.0×10^{-7}	2.0×10^{-7}	2.0×10^{-7}

2.4.2　土工袋单体减震效果

2.4.2.1　计算模型

图 2-59 为土工袋单体 DEM 计算模型。假定颗粒为刚性圆,计算中采用的袋内土颗粒有 9 mm、7 mm、5 mm 和 3 mm 共四种颗粒粒径,其颗粒个数比为 1:3:10:30。对于土工袋袋子颗粒,统一采用粒径为

0.9 mm 的小颗粒,任意两颗粒间的距离均为 1.5 mm,为缩短计算时间,土工袋采用 20 cm×5 cm 的小土工袋。

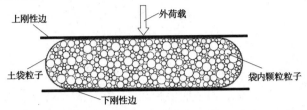

图 2-59　土工袋单体 DEM 计算模型

2.4.2.2　竖向加载过程中能量守恒验证

为验证 DEM 数值模拟计算中能量计算的正确性,对如图 2-59 所示的土工袋单体进行竖向加载,其荷载通过上刚性边均布传递到土工袋上,荷载从 10 N 开始,并以 10 N 的增量逐级增加直至 100 N,对于每一级荷载均加载至其内部颗粒基本稳定后再施加下一级荷载。

考虑到对土工袋单体进行加载计算时,对于每一级荷载作用下均加压至其内部颗粒基本稳定,此时袋子整体动能很小,可以忽略。忽略土工袋各颗粒的动能,则可将内力功分为弹性应变能、阻尼耗能及摩擦耗能三部分,将该三部分能量随外力的变化关系曲线绘于图 2-60 中。由图 2-60 可见,土工袋内力功绝大部分均被黏滞阻尼部分所消耗。

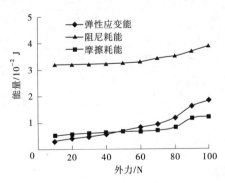

图 2-60　各部分内力功随外力的变化关系曲线

表 2-10 为加载过程中土工袋的内力功与外力功的大小及其误差。

由表 2-10 可见,加载过程中不同外力作用下土工袋的内力功与外力功误差均在 3%以内,即外力功与内力功基本相等,符合能量守恒定律,表明 DEM 计算中各部分能量计算正确。

表 2-10　土工袋单体内力功与外力功

外力/N	外力功/10^{-2} J	内力功/10^{-2} J	误差/%
10	4.01	4.05	0.99
20	4.20	4.19	0.24
30	4.33	4.30	0.70
40	4.46	4.42	0.90
50	4.64	4.60	0.87
60	4.79	4.81	0.42
70	5.01	5.09	1.57
80	5.44	5.53	1.63
90	6.49	6.45	0.62
100	6.76	6.91	2.17

2.4.2.3　不同加载速率竖向循环荷载作用下土工袋单体的能量变化

考虑到 DEM 数值模拟是一个拟静力的计算过程,无法反映土工袋在动力荷载作用下的作用机制。因此,通过施加竖向循环荷载的方法来近似模拟土工袋袋子本身及其内部土体颗粒在动力作用下的特性。模拟计算过程为:通过刚性边对单个土工袋施加竖向循环荷载,荷载大小从 0 开始,并以 10 N 的增量逐渐增加至 100 N,再卸载至 0,共循环加载三次。加载速率分别为 500 N/s、1 000 N/s、2 000 N/s 和 5 000 N/s。

图 2-61 为四种不同加载速率下土工袋的外力功随外力的变化。由图 2-61 可见,在第一次循环加载过程中土工袋外力功迅速增长,从第一次循环过程中的卸载开始土工袋的外力功随着加荷与卸荷的进行而呈波浪状增减,这是由于第一次加载完成后土工袋变形已基本充分,卸载过程中土工袋有部分回弹,外力功有一定的减小,在继续加载时土工袋有少量的压缩变形,外力功有少量增长。从四种不同加载速率下土工袋外力功的变化趋势来看,加载速率越大土工袋的外力功在开始

阶段增长越缓慢,但随后增长速率较快,且在较大外力时仍会持续增长,这主要是由于当外荷载较小且加载速率较大时,外力作用时间较短,袋子压缩变形量很小,外力所做功较小,随着外力的逐渐增大,袋子变形量逐渐增大,因此其外力功不断增加,且加载速率越大,袋子后期变形量越大,而该变形量是在较大外力作用下产生的,因此加载速率越大在较大荷载作用下外力功增长越快。

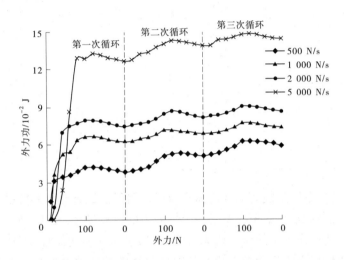

图 2-61 不同加载速率与循环荷载作用下土工袋的外力功随外力的变化

土工袋的内力功包括弹性应变能、摩擦耗能、阻尼耗能和动能四部分,考虑到土工袋各颗粒的动能比较小,基本可以忽略,因此仅对其他三部分能量进行分析。图 2-62 为四种不同加载速率作用下土工袋的弹性应变能、摩擦耗能、阻尼耗能随外力的变化。由图 2-62(a)可见,土工袋的弹性应变能随着加荷与卸荷的进行而呈明显波浪状增减趋势,即在加荷阶段土工袋的弹性应变能增加,而在卸荷阶段则降低,这主要是由于袋子张力随着外力的增减而增减,袋子张力的变化引起袋子发生伸长与压缩,袋子本身的颗粒及袋内土体颗粒之间的位移整体上均随之发生增大或减小,而弹性应变能主要随颗粒之间距离的变化而变化。从四种不同加载速率下土工袋的弹性应变能随外力的变化关系对比来看,加载速率越大土工袋的弹性应变能在开始阶段增长越缓慢,但随后增长较迅速,因为当外荷载较小且加载速率较大时,外力作用时间较短且较小,袋子压缩变形量很小,弹性应变能较小,随着外力的逐渐增大,袋子变形量逐渐增大,从而弹性应变能不断增加,且加载速率越大,袋子后期变形量越大,而该变形量是在较大外力作用下产生的,此时颗粒之间的弹性力也较大,因此加载速率越大在较大荷载作用下弹性应变能增长越快,且其值也越大。由图 2-62(b)可见,由于所消耗能量的不可恢复性,土工袋的摩擦运动所消耗能量在三个循环加载过程中持续增加,加载速率越大土工袋的摩擦运动所消耗能量在开始阶段增长越缓慢,但随后增长速率较迅速。由图 2-62(c)可见,土工袋的阻尼耗能在第一次加载结束后基本保持不变,且加载速率越大土工袋的阻尼耗能在开始阶段增长越缓慢,但随后增长速率较迅速并趋于稳定。

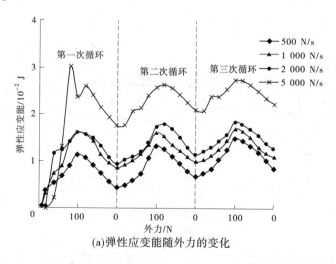

(a)弹性应变能随外力的变化

图 2-62　不同加载速率与循环荷载作用下土工袋内力功随外力的变化

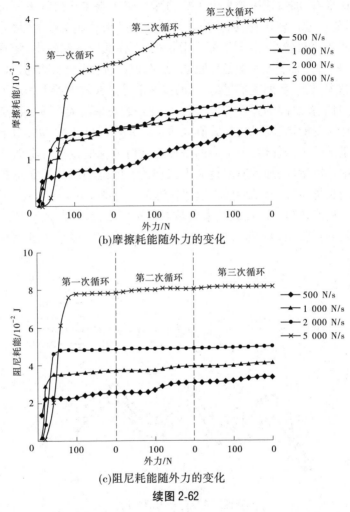

(b)摩擦耗能随外力的变化

(c)阻尼耗能随外力的变化

续图 2-62

　　土工袋的消能减震作用主要是由袋子本身颗粒发生拉伸与收缩变形而引起的能量耗散[见图 2-63(a)]和袋内土颗粒之间的摩擦错动而引起的能量耗散[见图 2-63(b)]两部分所组成。由图 2-63(a)可见,四种不同加载速率下袋子本身伸缩变形所消耗能量占总能量的百分比随着加荷与卸荷的进行而呈波浪状增减趋势,且加载速率越大,其增减变化越明显,该部分所消耗能量占总能量的百分比也越大。由图 2-63(b) 可见,袋内土体消耗能量占总能量的百分比同样随着加荷与卸荷的进行而呈波浪状增减趋势,且加载速率越大,其增减变化越明显,但其消耗能量占比较小。

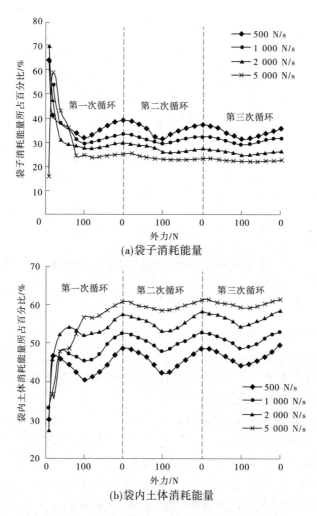

(a)袋子消耗能量

(b)袋内土体消耗能量

图 2-63 袋子消耗能量及袋内土体消耗能量占总能量的百分比

　　图 2-64 为四种不同加载速率下土工袋总消耗能量占总能量(外力功)的百分比随外力的变化。由图 2-64 可见,土工袋总消耗能量占总能量的百分比随着加荷与卸荷的进行而呈波浪状增减趋势。总体来看,土工袋总消耗能量占总能量的百分比在 70%~90%,可见土工袋具有较好的消能效果。

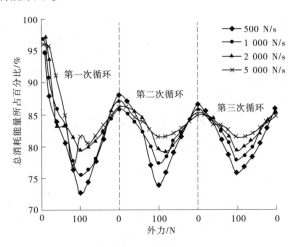

图 2-64　土工袋单体总消耗能量所占百分比

2.4.3　土工袋组合体减震效果

　　由 DEM 数值模拟结果可见,在各种不同的加载速率下土工袋单体总消耗能量占总能量的百分比均在 70%~90%,可见土工袋单体具有较好的消能效果。以下对土工袋组合体进行 DEM 数值模拟,以分析土工袋组合体的消能减震效果。

2.4.3.1　计算模型及加载过程

　　分别对图 2-65 所示的 2 层、3 层和 4 层交错布置的土工袋组合体进行 DEM 数值模拟,其中土工袋单体与上节所用的相同。加载方式与土工袋单体计算相同,即通过上刚性边施加竖向循环荷载,荷载大小从 0 开始,并以 10 N 的增量逐渐增加至 100 N,再卸载至 0,共循环加载三次。加载速率为 2 000 N/s。

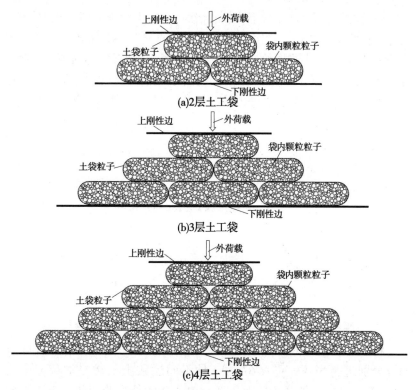

图 2-65　土工袋组合体 DEM 计算模型

2.4.3.2　计算结果与分析

与土工袋单体相似,首先对土工袋组合体的外力功进行分析。图 2-66 为三种不同层数土工袋在加载速率为 2 000 N/s 时的循环加载条件下土工袋外力功随外力的变化关系曲线。由图 2-66 可见,与土工袋单体外力功在循环加载过程中随着加荷与卸荷的进行而呈波浪状增减趋势不同,土工袋组合体在三个加载循环过程中外力功基本无减小趋势。对于土工袋组合体,在第一次循环的加载过程中,三种不同层数的土工袋的外力功均随着外力的增加而迅速增长。对于 2 层土工袋的情况,从第一次循环过程中的卸载开始外力功基本不再增加,即第一次加载结束后土工袋的外力功已基本达到最大值,外力在随后的循环加载过程中基本不做功;对于 3 层土工袋的情况,从第一次循环过程中的卸载开始外力功略有增加;而对于 4 层土工袋的情况,在三个加载循环过程中,土工袋外力功均持续增长。对比三种不同层数的土工袋在循环加载条件下的外力功可见,土工袋层数越多,外力功在第一次加载结束后增加越快,这主要是由于土工袋为柔性体,土工袋层数越多柔性越大,在加载循环过程中土工袋的变形越大,外力做功越多,土工袋的外力功越大。

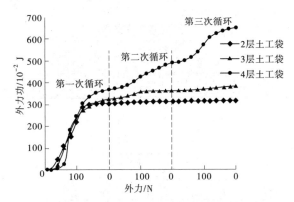

图 2-66　不同层数土工袋的外力功随外力的变化关系曲线

将土工袋组合体的内力功分弹性应变能、阻尼耗能和摩擦耗能三部分分别进行考虑。图 2-67 为三种不同层数土工袋在加载速率为 2 000 N/s 时循环加载条件下三部分内力功随外力的变化。由图 2-67 可见,无论是弹性应变能、阻尼耗能还是摩擦耗能,2 层土工袋组合体均从第一次循环过程中的卸载阶段开始基本不再变化,3 层、4 层土工袋组合体则随荷载的增加而增加,而在卸载阶段降低量很小。

图 2-68 为三种不同层数土工袋组合体在加载速率为 2 000 N/s 时循环加载条件下土工袋袋子本身伸缩变形所消耗能量、袋内土体消耗能量及总消耗能量占总能量(外力功)的百分比随外力的变化。由图 2-68 可见,各种消耗能量从第二次循环加载开始基本不变。总体来看,土工袋组合体消耗能量占总能量的百分比均在 85%~90%,大于土工袋单体消耗能量所占的百分比,且土工袋层数越多消耗能量所占百分比越大。由此可见,土工袋组合体的消能减震效果优于土工袋单体,且土工袋层数越多其消能减震效果越好。

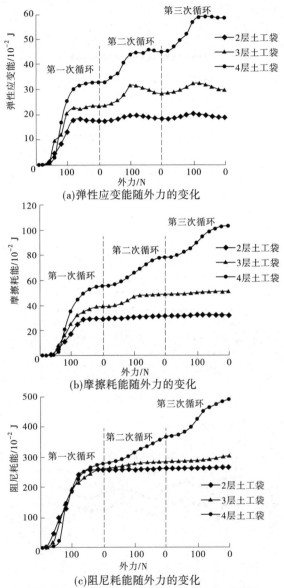

(a)弹性应变能随外力的变化

(b)摩擦耗能随外力的变化

(c)阻尼耗能随外力的变化

图 2-67 不同层数土工袋内力功随外力的变化

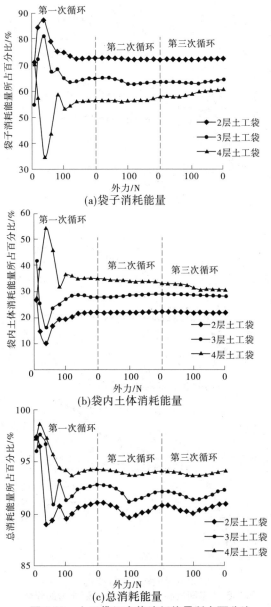

图 2-68　土工袋组合体消耗能量所占百分比

2.5 弹性波穿越土工袋的传播规律

为进一步研究地基中土工袋对弹性波波速及地基阻尼比的影响，揭示弹性波穿越土工袋的传播规律，采用离散单元法对纯土地基与埋设单层土工袋地基的颗粒体模型进行弹性波传播的数值模拟。

2.5.1 土工袋地基模型

土工袋的离散单元法模拟方法前已介绍，在此不再赘述。为了对比分析土工袋对土体中弹性波传播的影响，分别建立了土颗粒地基模型与埋设单层土工袋的地基模型。土颗粒的粒径在 2.4 mm 与 6 mm 之间均匀分布，平均半径为 4 mm。地基模型有 137 365 个颗粒，含土工袋地基模型共 145 336 个颗粒。首先在立方周期性边界中按设定的颗粒粒径范围随机生成松散试样，使用各向同性压缩方法，通过将颗粒接触摩擦设为零，可以得到致密状态(孔隙比为 0.3)。为了消除制样过程中不平衡力引起的干扰，继续执行若干计算步，直到颗粒所受不平衡力的平均值与所施加力和体积力平均值之比小于 10^{-8} 为止。在试样水平方向上使用周期性边界以消除波传播期间的边界效应，如图 2-69(a)所示。固定试样底部和顶部的颗粒(绿色和紫色)，以避免上下两端颗粒穿透边界互相影响。

2.5.2 弹性波波速与衰减计算

2.5.2.1 弹性波输入

同时移动地基底部第一层的所有颗粒[图 2-69(a)中的绿色部分]可以产生弹性波，颗粒移动方向为竖向时产生 P 波(压缩波)，颗粒移动方向为水平方向则产生 S 波(剪切波)。输入波形为频率 500 Hz 的正弦函数。输入正弦波的幅值取颗粒间平均重叠量的 1/100，以确保产生波为弹性波(即颗粒之间没有相对滑动产生)。

2.5.2.2 时域中波速的计算

在每两个代表体积之间，将 2 倍平均粒径厚度的薄层[图 2-69(b)

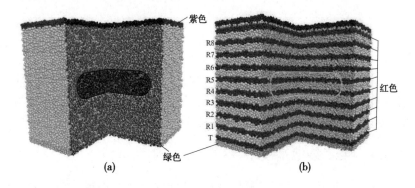

(a)　　　　　　　　　　　　　(b)

图 2-69　埋设单层土工袋的地基 DEM 模型

中的红色部分]作为测量域,以记录薄层中颗粒的平均速度。为了避免两端的边界效应,将最底部和最顶部的第二个薄层作为发射器(T)与接收器(R)。根据发射器和接收器之间的距离 L 和传播时间 Δt 计算波速 $v = L/\Delta t$。如图 2-70(a)所示,波的传播时间取决于发射器和接收器弹性波波形特征点之间的距离。在输入波频率为 500 Hz,围压为 100 kPa 时,波峰位置与传播时间之间的关系几乎呈线性,可以用直线进行拟合,如图 2-70(b)所示。

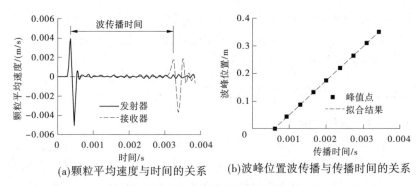

(a)颗粒平均速度与时间的关系　　　(b)波峰位置波传播与传播时间的关系

图 2-70　采用峰值方法确定传播时间

2.5.2.3　频域中 Q 因子计算

弹性波在岩土材料中的衰减通常可以用无量纲的品质因子 Q 来表征。计算品质因子 Q 的方法有很多种,Tonn 通过研究品质因子 Q 的七种计算方法,发现在噪声较小的情况下,频谱比方法计算效果较好,本书研究即采用谱比法。假设在波传播过程中,两个离散时间的傅里叶幅值之比随频率的变化而变化,两种不同距离上的频谱比可以计算为

$$\ln\left|\frac{A_1(f)}{A_2(f)}\right| = \pi\,\frac{\delta t}{Q}f + \text{const} \tag{2-39}$$

假设式(2-39)右侧关于频率 f 的斜率为 m,可得

$$m = \pi\,\frac{\delta t}{Q} \tag{2-40}$$

然后便可以计算得到 Q 因子:

$$Q = \pi\,\frac{\delta t}{m} \tag{2-41}$$

图 2-71 显示了平均粒子速度与发射器和接收器切片频率的傅里叶频谱。在波传播过程中,高频分量的衰减比低频分量的衰减快,因此小波频率降低,脉冲变宽(图 2-70 时域结果可见)。

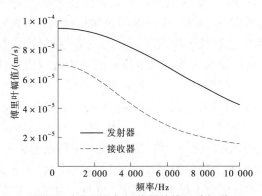

图 2-71　发射器与接收器的傅里叶频谱

发射器和接收器的傅里叶幅值的对数之比如图 2-72 所示。Q 因子可以通过在有限的频率范围内采用直线拟合对数坐标下傅里叶幅值对数比来估算。

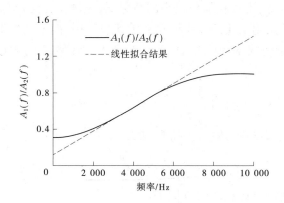

图 2-72　对数坐标下傅里叶幅值对数比的线性拟合

2.5.3　模拟结果

弹性波穿越两种地基过程中,颗粒平均速度随时间的变化可以用波形曲线表示。图 2-73 为不同位置处弹性波传播至第一个峰值前的波形曲线。由图 2-73 可知,在各项同性颗粒材料(土颗粒地基)中,弹性波传播过程中土颗粒平均速度变化的波形相似,峰值速度沿传播距离下降均匀,且 P 波与 S 波的数值计算结果相近。而在埋设土工袋的地基中,弹性波在穿越土工袋上下层土工合成材料界面(图 2-73 中箭头所示)时,其幅值均有一次大幅下降,S 波的下降幅度较 P 波更大,说明土工袋的存在对弹性波产生了削弱作用,且对 S 波的影响更大。

表 2-11 为弹性 P 波与 S 波在两种地基中的波速情况。可见,在土颗粒地基与埋设土工袋的地基中,P 波的波速均约为 S 波波速的 1.5 倍,弹性波穿越埋设土工袋地基时波速略低于穿越土颗粒地基时的波速。图 2-74 为两种地基中弹性波传播至不同位置处波速的变化,可知弹性 P 波与 S 波穿越土工袋时波速变化规律大体相近,在弹性波进入和离开袋子之前,波速均下降。在土工袋内部与穿越土工袋后,弹性波波速与土颗粒地基中传播时的波速相近。说明弹性波的传播过程中,仅在穿越土工袋部分时,波速有所降低。

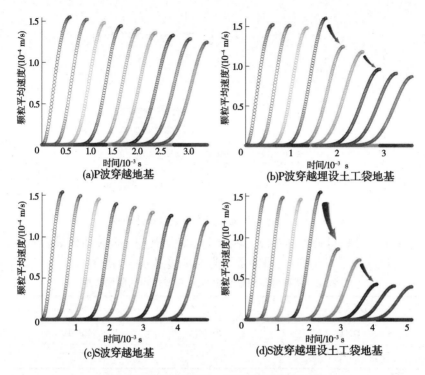

图 2-73　波传播至第一个峰值前的波形曲线

表 2-11　地基中 P 波与 S 波的波速

工况	P 波	S 波
地基	134.453 8	89.219 3
埋设土工袋地基	124.352 3	84.358 5

表 2-12 为两种地基对弹性 P 波与 S 波传播的阻尼作用。可以发现,无论是 P 波还是 S 波传播过程中,埋设土工袋地基的 Q 因子均小于土颗粒地基,说明土工袋具有良好的消能效果。图 2-75 为弹性波传播至不同位置处 Q 因子的变化。可知在土颗粒地基中,Q 因子随传播距离的增大而增大;当弹性波穿越土工袋时,Q 因子在弹性波穿过土工袋上下层土工合成材料界面之前发生突降,与波速穿越土工袋时的下降规律相近。说明单个土工袋对弹性波的衰减作用主要集中在穿越上

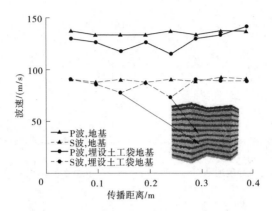

图 2-74　弹性波传播至不同位置处波速的变化

下层土工合成材料界面之前。埋设土工袋地基中 S 波传播到最后一个测点时 Q 因子发生突变,可能是因为受到边界效应的影响。

表 2-12　两种地基对弹性 P 波与 S 波传播的阻尼作用

Q 因子	P 波	S 波
地基	20.08	22.42
埋设土工袋地基	14.45	15.97

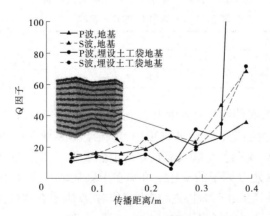

图 2-75　弹性波传播至不同位置处 Q 因子的变化

综上,关于弹性波穿越土工袋的传播规律,总结如下:

(1)地基中埋设土工袋,使弹性波的波速略有降低,并增大了地基的阻尼比,说明土工袋具有良好的减震效果。

(2)在 100 kPa 围压、500 Hz 弹性波输入条件下,弹性 P 波与 S 波穿越土工袋时波速变化规律大体相近,在弹性波进入和离开土工袋前,波速均下降。

(3)当弹性波穿越土工袋时,Q 因子在弹性波穿过土工袋上下层土工合成材料界面之前发生突降,说明单个土工袋对弹性波的衰减作用主要集中在穿越上下层土工合成材料界面之前。

第 3 章　振动台模型试验

　　前述的竖向反复加卸载、激振及水平循环剪切试验结果表明:土工袋作为一种柔性承载结构,在受压条件下由于袋子对袋内材料的约束作用,具有很高的抗压强度与压缩模量,同时具有显著的消能减震作用,其等效阻尼比达到或大于一般橡胶隔震材料,且具有可变的水平刚度,是一种较为理想的减隔震材料。研究表明:土工袋的减隔震作用主要体现在袋内土颗粒在地震荷载作用下产生的摩擦耗能、相邻袋体间的空隙形成的不连续阻断层阻隔地震波的传递及土工袋层间滑移引起的隔震作用三个方面。本章通过一系列振动台模型试验,验证土工袋垫层的减隔震效果,进一步揭示土工袋减隔震机制。

3.1　小型振动台试验

　　土工袋用于房屋基础减隔震,通常铺设于上部建筑结构与地基土层之间,通过土工袋垫层消耗或者阻隔地震能量向上部传递,以达到防止地震能量对上部砌体结构造成损坏的目的。因此,在实际应用时,需要考虑土工袋垫层的铺设方式,最常见的有 3 种方式,分别为直立式、扩散式与交错式。同时,在基础中铺设土工袋垫层,一般需要开挖基坑,并在基坑周围设置临时支挡结构,并且为了保证土工袋能够在上部荷载作用下充分发挥张力作用,一般还需要在相邻土工袋之间设置一定的缝隙。

　　为此,本章首先选用阻尼消能较好的河砂土工袋,在操作简便、快捷高效的小型电磁振动台上开展一系列不同输入峰值加速度工况下的土工袋垫层模型振动试验,研究直立式、扩散式与交错式 3 种不同铺设形式,以及基坑支挡结构和土工袋袋间缝隙对土工袋垫层减隔震效果的影响,以期提出一种减隔震效果相对最优的土工袋垫层铺设方案。

3.1.1　试验概况

3.1.1.1　试验装置与材料

　　试验装置选用河海大学水工结构抗震实验室的 DY-600-5 型电磁振动台,其性能参数指标如表 3-1 所示。振动台由固定磁场和位于磁场中通有交流电流的线圈相互作用所产生的振动力驱动。主要由信号发生器、功率放大器、激励电源、振动台台体和测量与控制系统五部分组成,各部分的主要作用如下。

表 3-1　DY-600-5 型电磁振动台性能指标

组成部件	性能指标	取值范围
系统指标	振动频率/Hz	2~20 000
	额定正弦推力/kN	5.88
	最大加速度/(m/s²)	490
	最大速度/(m/s)	1.00
	最大位移/mm	51
	最大荷载/kg	300
	运动部件质量/kg	12
振动台台体	台面尺寸/mm	230
	容许偏心力矩/(N·m)	490
	外形(长×宽×高)/mm	790×710×600
	台体质量/kg	600
功率放大器	最大输出功率/kVA	5
	外形(长×宽×高)/mm	550×1 700×800
	质量/kg	240
	输入功率/kVA	10.5

　　信号发生器:提供振动台所需的控制电流;
　　功率放大器:把信号发生器提供的电源和电压进行放大,供给振动台足够的电源和电压；

　　激励电源：为振动台提供强大的磁场所需的直流电源；

　　振动台台体：是振动台的振动源，在这里产生振动；

　　测量与控制系统：用以测量振动量值的大小，并对振动台进行各种控制。

　　由厚度为 15 mm 的有机玻璃和角钢焊接而成的模型箱通过若干螺栓固定在振动台面上，模型箱内径尺寸为 80 cm× 80 cm×30 cm，如图 3-1 所示。

图 3-1　小型振动台试验装置

　　本试验中的地基模型与土工袋内装填材料均采用河砂，其级配曲线如图 2-18 所示。受振动台承重与模型箱尺寸限制，采用了模型土工袋，其大小为 10 cm×10 cm×3 cm，用于制作土工袋的编织袋原材料为白色聚丙烯（PP），织物克重为 83. 2 g/m²，经、纬向极限抗拉强度为别为 8. 12 kN/m、8. 20 kN/m，与之对应的经、纬向极限伸长率分别为 15%、16%。

3.1.1.2　试验方案与步骤

　　1. 模型相似比设计

　　本试验重点考察不同结构形式土工袋垫层的减隔震特性，因此主要根据土工袋垫层模型缩尺比例进行相似比设计，取长度 l、密度 ρ 和加速度 a 作为试验模型控制量。长度相似比（模型/原型）选取为 1/4，考虑到土体材料的特殊性,其重力相似条件较难模拟,将密度 ρ 相似比定为 1,加速度 a 相似比定为 1。选定三个控制物理量后,可推导得到其他相关物理量的相似比,如表 3-2 所示。

表 3-2 小振动台试验模型相似比

物理量	相似关系	相似比(模型/原型)
长度 l(控制量)	C_l	1/4
密度 ρ(控制量)	C_ρ	1
加速度 a(控制量)	C_a	1
应力 σ	$C_\sigma = C_\rho C_a C_l$	1/4
时间 t	$C_t = C_l^{1/2} C_a^{-1/2}$	1/2
速度 v	$C_v = C_l^{1/2} C_a^{1/2}$	1/2
位移 u	$C_u = C_l$	1/4
频率 f	$C_f = C_l^{-1/2} C_a^{1/2}$	2
重力加速度 g	$C_g = C_a$	1

2. 试验方案

第 2 章中对建筑工程现场最常见的天然河砂、壤土、建筑碎石 3 种建筑材料进行了一系列循环剪切试验,发现河砂土工袋单元体的阻尼消能效果相对较好。同时,研究表明在土工袋减隔震结构中土工袋层数设置为 3 层较为合适。因此,本章针对 3 层河砂土工袋,首先针对采用直立式、扩散式、交错式三种不同土工袋垫层铺设形式的地基模型进行台面输入峰值加速度 PGA = 0.1g、0.3g、0.5g 和输入频率 f = 20 Hz 的振动台模型试验,比较不同输入峰值加速度工况下土工袋地基模型中不同测点的峰值加速度放大系数沿高度方向的变化规律;随后,通过直立式土工袋地基模型研究土工袋垫层环向是否需要设置支挡结构;最后,针对土工袋垫层内部是否需要预留袋间空隙问题展开讨论。考虑到传统砂垫层本身就是一种应用广泛、减震效果良好的隔震垫层,每个土工袋垫层模型的试验工况,均与传统砂垫层进行对比。

3. 模型布置与制样

为与传统砂垫层进行对比,在垂直于振动方向,将模型箱分为两半,平行布置土工袋垫层模型与砂垫层模型,如图 3-2 所示。

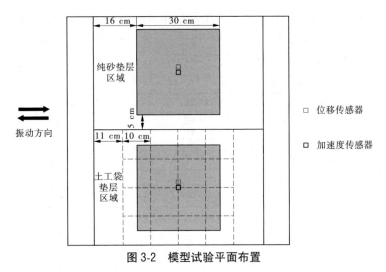

图 3-2　模型试验平面布置

为了减小模型箱边壁效应对振动台试验结果造成较大的误差,在模型箱内部侧壁和底部采取了一定的措施,如图 3-3 所示。其中,为了防止在振动过程中,地基土与模型箱底部之间产生较大的相对滑移,在模型箱底部粘贴了一层高摩擦系数砂纸;为了减小砂土地基与模型箱侧壁之间的摩擦,在模型箱内表面的侧壁处覆盖一层塑料薄膜,并在模型箱和塑料膜之间涂上凡士林,以起到良好的润滑作用;在沿模型箱振动方向两侧内壁分别铺设 9 cm 厚泡沫塑料缓冲层,以减小振动波传递到模型箱侧壁后反弹与原输入波发生叠加对试验结果造成干扰。

采用砂雨法制备干砂地基模型,制备过程中砂雨装置出砂口与模型箱内砂土表面的距离保持恒定,按设定路线完成干砂铺设并进行整平。已有研究表明采用砂雨法制备砂土试样时,落距对模型相对密实度的影响最为显著,故本试验在制备不同工况下的干砂地基模型时,将落距均控制为 10 cm,经过多次标定后得到采用此砂雨法制备的干砂地基模型密度平均值 ρ_d = 17.67 kN/m^3。试验选用河砂的最大干密度、最小干密度分别为 18.71 kN/m^3 和 16.26 kN/m^3,根据式(3-1)能够计算得到此干砂地基模型的相对密实度 D_r = 60.94%。

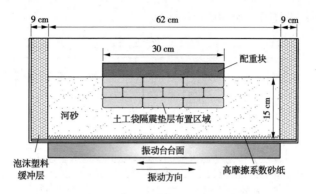

图 3-3 消除边壁效应措施示意图

$$D_r = \frac{(\rho_d - \rho_{dmin})\rho_{dmax}}{(\rho_{dmax} - \rho_{dmin})\rho_d} \tag{3-1}$$

式中：ρ_{dmax} 和 ρ_{dmin} 分别为试验选用河砂的最大干密度、最小干密度。

3.1.2 土工袋铺设方式的影响

对常见的直立式、扩散式和交错式铺设的土工袋垫层分别开展了试验。直立式土工袋垫层的铺设形式是将土工袋模型通过 3×3 的排列方式铺成一个 30 cm×30 cm 的区域，第 2、3 层的土工袋分别堆叠在第 1 层土工袋正上方即可；交错式土工袋垫层的铺设形式则是在直立式的基础上将相邻层土工袋进行十字交错排列，以保证上一层土工袋恰好可以压住下一层土工袋的 4 个角点；扩散式土工袋垫层铺设形式是在第 1 层铺设 5×5 的土工袋，第 2 层和第 3 层分别铺设 4×4 和 3×3 的土工袋，并且各层之间需要采取交错的排列方式。试验时，在制备好的模型中心放置一块 30 cm×30 cm 的矩形钢板作为上部配重，在上部配重块中心处设置一个垂直位移计，用来监测试验过程中上部配重中心处的竖向沉降变形；在不同铺设结构形式土工袋垫层中心位置，沿高度方向布置 5 个加速度传感器，其中，第 1 个加速度传感器布置在距离模型箱底部 1 cm 处的地基模型中，第 2~4 个加速度传感器在其正上方且每两个之间间隔 3 cm 分别布置在每层土工袋的正下方，第 5 个加速度传感器布置在上部配重块上。三种土工袋垫层铺设形式及传感器布置示意图如图 3-4 所示。

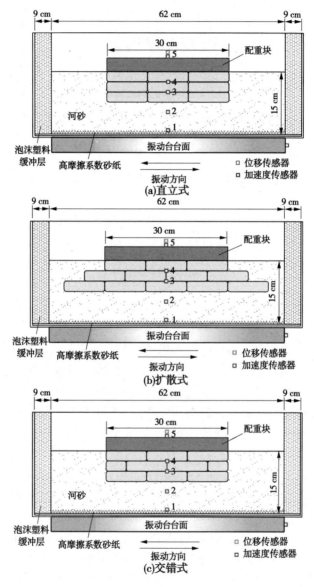

图 3-4　土工袋垫层模型示意图

　　图 3-5 为三种不同铺设形式土工袋垫层模型在输入峰值加速度 PGA=0.1g、0.3g 和 0.5g 时加速度放大系数沿高度方向的变化曲线。从图 3-5 中可以发现,不同输入峰值加速度工况下,三种铺设形式中,交错式土工袋垫层隔震模型上部配重块处的加速度放大系数最小,表明在同等地震烈度情况下,地震波在经过交错式土工袋垫层以后能量的衰减程度相对更大。与直立式土工袋垫层相比,交错式土工袋垫层的层间缝隙通道数量增加,作为一种非连续介质,缝隙数量增加意味着振动波传递的阻隔作用增强,因此交错式土工袋垫层模型在振动过程中的加速度响应较小。对于扩散式结构,由于其承受上部结构荷载的效果更好,因此具有更大的刚度,导致扩散式土工袋垫层模型在不同测点处的加速度响应相对更大。

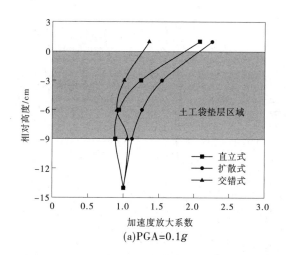

(a)PGA=0.1g

图 3-5　不同铺设形式土工袋垫层加速度放大系数变化

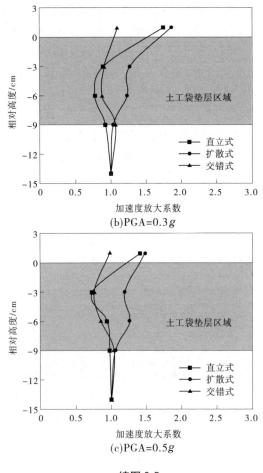

续图 3-5

　　为了进一步验证土工袋垫层的减隔震效果,进行了交错式土工袋
垫层隔震基础与砂垫层隔震基础在不同输入峰值加速度条件下的振动
台模型试验,各工况下加速度放大系数结果如图 3-6 所示。从图 3-6
中可知,当输入峰值加速度较小(PGA = 0.1g)时,交错式土工袋垫层隔
震模型与砂垫层隔震模型的加速度响应基本一致,两者对加速度的衰

减均不显著;随着输入峰值加速度的增大,交错式土工袋垫层隔震模型中各测点的加速度放大系数沿高度方向出现了明显的衰减;相反的,随着输入峰值加速度的增大,砂垫层隔震模型中各测点加速度放大系数沿高度方向开始出现放大现象,在 PGA = 0.5g 时,砂垫层隔震模型上部配重处的加速度放大系数甚至达到了 1.82。由于砂土在振动过

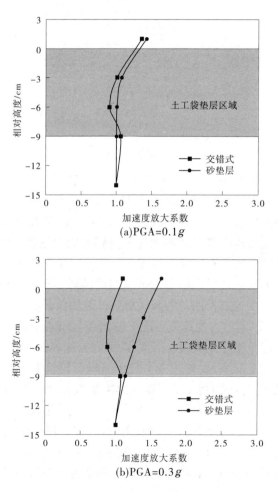

图 3-6　交错式土工袋垫层与砂垫层加速度放大系数对比

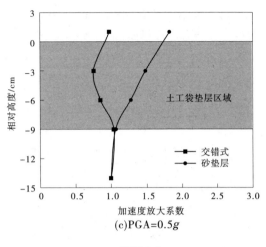

(c)PGA=0.5g

续图 3-6

程中极易被振密实,砂垫层整体刚度也随之增大,从而导致模型的加速度响应也更显著。这一特性也能将土工袋垫层与砂垫层区分开,土工袋属于新型柔性加筋土材料,通过大量室内循环剪切试验发现,土工袋垫层中的各单元体以及层间界面均具有较好的阻尼消能特性,并且大量的袋间缝隙又能够有效阻隔地震波的传递。在不同的地震烈度下土工袋能够根据其剪切变形状态发挥适当的减隔震作用,从而使得土工袋垫层在高烈度地震作用下的减隔震效果更加显著。

　　表3-3为不同输入加速度工况下,3种不同铺设方式土工袋垫层隔震模型上部配重中心点处竖向沉降累积值。从表3-3中可以发现,不同输入加速度工况下,交错式土工袋垫层隔震模型中心处竖向沉降累积值均为最小。这表明,在不同输入加速度作用时,交错式土工袋垫层表现出来的稳定性相对更好。这是因为交错式的铺设方式使得上下层土工袋之间形成一种良好的嵌固作用,这种嵌固作用使得土工袋垫层表现出来的整体性相对更好。因此,在地震波激励作用下,交错式土工袋垫层隔震模型中心点处的竖向沉降累积值也相对最小。

表 3-3　不同铺设方式土工袋垫层隔震模型中心点处竖向沉降累积值

输入加速度峰值 PGA	直立式/mm	扩散式/mm	交错式/mm
0.1g	1.019 23	1.026 22	0.440 60
0.3g	2.398 43	3.495 43	1.715 29
0.5g	2.190 73	2.259 19	1.870 37

　　图 3-7 为不同输入加速度峰值条件下土工袋垫层加速度放大系数变化规律。从图 3-7 中可以发现,3 种不同铺设形式土工袋垫层隔震模型加速度放大系数沿高度方向的变化规律大致相同,可以归纳为 3 种不同铺设形式土工袋垫层隔震模型沿高度方向的加速度放大系数均随着振动台台面输入峰值加速度 PGA 的增大而减小,说明 3 种土工袋垫层隔震模型均具有地震激励作用越大,隔震模型表现出的减隔震效果越好的特点,并且这一现象在设置土工垫层区域的内部表现得相对更为显著。这一现象也表明,当发生地震时,3 种不同铺设形式的土工袋垫层均具有地震烈度越大,其减震消能效果越好的特点。

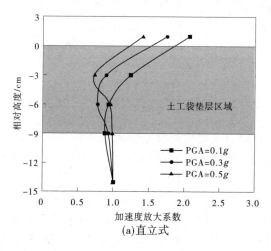

(a)直立式

图 3-7　不同输入加速度峰值条件下土工袋垫层加速度放大系数变化规律

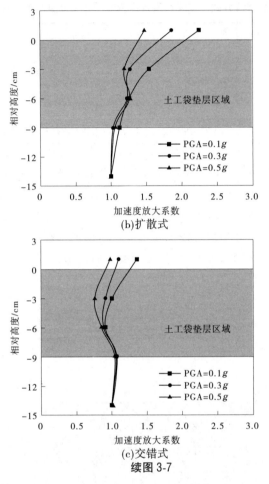

(b)扩散式

(c)交错式

续图 3-7

　　通过分析可以将土工袋垫层发挥减隔震作用的机制归纳为：在地震激励作用下，土工袋垫层隔震模型主要依靠袋内砂土颗粒间产生的摩擦作用、袋体层间产生的滑移剪切作用及袋间缝隙对地震波的阻隔作用等三方面作用的组合叠加来消耗或阻隔地震能量继续向上部结构传递。根据振动台台面输入峰值加速度的不同，土工袋垫层发挥减隔震作用的具体机制也存在一些差异。大致为两种情况：当输入峰值加速度较小时，地震激励作用尚且不足以导致土工袋垫层层间产生滑移，此时土工袋垫层隔震模型主要依靠振动过程中袋内砂土颗粒之间的剪切摩擦作用以及袋间缝隙对地震波的阻隔作用来耗散能量;当输入峰值加速度较大时,地震激励作用导致土工袋垫层层间产生剪切滑移作用,这使得土工袋垫层在原有耗能作用的基础上继续增加了层间剪切滑移耗能的叠加作用,这也进一步增强了土工袋垫层整体的减隔震效果。

3.1.3　支挡结构的影响

通常情况下,根据土工袋工程施工经验,在铺设土工袋之前一般需要在基坑周围设置支挡结构,并且为了保证土工袋能够在上部荷载作用下充分发挥张力作用,一般还需要在相邻两个土工袋之间设置一定的袋间缝隙。为了探究以上这两种施工措施是否也会对土工袋垫层的减隔震效果造成影响,本节在直立式土工袋垫层基础上,继续通过设置对比试验的手段,研究了支挡结构和袋间缝隙 2 个因素对土工袋垫层减隔震效果的影响。另外,为了讨论一旦缝隙中流入干砂是否会影响垫层的减隔震效果,本节还进行了缝中填砂工况的对比试验。具体布置如图 3-8 所示。

图 3-8　支挡结构、袋间缝隙及缝中填砂工况布置

图 3-9 为设置支挡结构与未设置支挡结构土工袋垫层隔震模型沿高度方向加速度放大系数对比图。发现在基坑周围设置支挡结构可以有效地减小垫层上部配重处的加速度响应,在 $PGA<0.3g$ 时尤为明

显。然而,随着输入峰值加速度 PGA 的不断增大,两者在不同高度处的加速响应却逐渐接近,并且两者在不同测点处的加速度放大系数均随地震动峰值加速度的增大而减小。这是因为在输入峰值加速度较大工况下,支挡结构对周围土体的约束作用小于外部土体在振动过程中产生的地震惯性力,地基模型处于整体剪切变形阶段,使得支挡结构的约束作用随输入峰值加速度的增大而逐渐削弱。

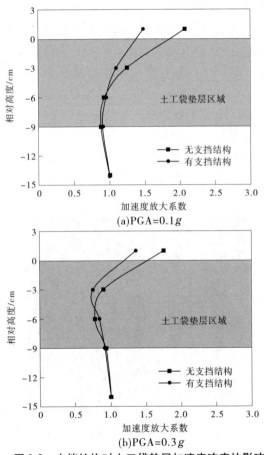

(a)PGA=0.1g

(b)PGA=0.3g

图3-9　支挡结构对土工袋垫层加速度响应的影响

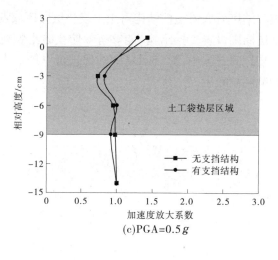

(c)PGA=0.5g

续图 3-9

3.1.4　袋间缝隙的影响

为了进一步研究在土工袋垫层中设置袋间缝隙对垫层整体减隔震性能的影响,在布置支挡结构的基础上对土工袋垫层模型袋间是否预留缝隙及预留缝隙中是否回填干砂进行了研究。图 3-10 为不同输入峰值加速度工况下,袋间无缝隙、袋间留缝不回填、缝中回填干砂 3 种土工袋垫层隔震模型不同测点的加速度放大系数沿高度方向的变化。从图 3-10 中可以看出,不同输入峰值加速度工况下,袋间预留缝隙的土工袋垫层模型的加速度放大系数相对于袋间未设置缝隙的土工袋垫层模型来说相对要小,说明在袋间预留缝隙能够阻隔一部分地震波能量在土工袋垫层中的传递。因此,对于土工袋减隔震垫层,宜在土工袋袋间设置一定的缝隙,以提高土工袋结构的整体减隔震性能。

然而,在土工袋垫层缝隙中回填干砂后,模型整体加速度响应却大于袋间无缝土工袋垫层模型。分析其中原因是因为砂土流入土工袋袋间缝隙之后,将土工袋垫层分割成一个个独立的土工袋柱,土工袋垫层的整体性被破坏,其表现出来的减隔震作用也随之降低。这一试验结果反映出在施工结束后保留支挡结构对土工袋垫层发挥减隔震作用十分有利。在基坑周围设置支挡结构，能够有效防止砂土颗粒在振动过程中流入土工袋袋间缝隙中，对袋间缝隙的保护可以进一步提高土工袋垫层整体的减隔震效果。

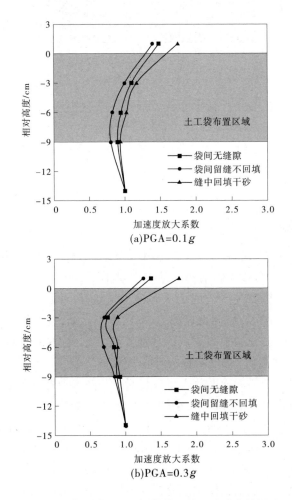

(a)PGA=0.1g

(b)PGA=0.3g

图 3-10　袋间缝隙对土工袋垫层加速度响应的影响

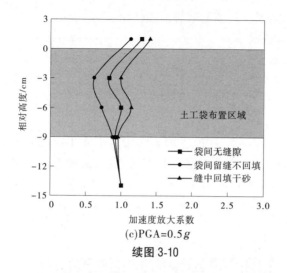

(c)PGA=0.5g

续图 3-10

以上土工袋垫层电磁振动台模型试验表明:①相较于直立式与扩散式布置,交错式布置的土工袋垫层的减振消能与隔振作用较好;②在土工袋垫层四周设置支挡结构,可以防止基坑周围砂土颗粒在振动过程中大量流入土工袋袋间缝隙,有利于提高土工袋垫层整体的减隔震效果;③在土工袋袋间设置缝隙可以有效阻隔地震波能量向上部结构传播。

3.2 大型振动台试验

通过以上小型振动台模型试验,基本明确了有效提高减隔震效果的土工袋垫层布置方式,即上下层采用交错式布置、在土工袋垫层周围设置支挡结构、袋间适当预留缝隙。下面采用大型振动台,模拟实际地震工况,进一步验证土工袋垫层的减隔震效果。

3.2.1 独立式土工袋垫层基础模型

首先,不考虑地基基础与上部房屋结构,简称为独立式土工袋垫层基础,比较土工袋垫层周围设置与不设置限位钢筋,研究土工袋袋间空隙产生的阻隔效果及袋体的减震消能作用。

3.2.1.1　试验概况

1. 大型振动台

模型试验在河海大学结构抗震实验室的 3 向 6 自由度模拟地震水下振动台上进行。该大型振动台通过液压加载,可以同时进行水平和垂直两个方向的振动,主要技术参数为:圆形台面直径 5.75 m(见图 3-11),无水工况最大载重为 20 t,频率范围 0.1 ~ 100 Hz,最大水平位移为 150 mm,最大水平速度为 1.00 m/s,台面最大输入水平加速度为 2.0g,详细性能参数如表 3-4 所示。

图 3-11　台面直径 5.75 m 的大型振动台

表 3-4　SVT-ME5568-20 型模拟地震水下振动台性能参数

参数类别	详细指标
台面尺寸	直径 5.75 m 圆形不锈钢台面,50 cm 间隔布置 M30 标准螺孔
自由度数	3 向 6 自由度
最大负荷	20 t(不要求最大加速度时最大负载可到 40 t)
工作频率	0.1 ~ 100 Hz
倾覆力矩	60 t·m
振动波形	模拟地震波、随机地震波、任意确定波或者实测地震波
最大位移	X:±150 mm;Y:±150 mm;Z:±100 mm
最大速度	X:±1.00 m/s;Y:±1.00 m/s;Z:±0.80 m/s
最大加速度	X:±2.0g;Y:±2.0g;Z:1.33g
台上水池	30 m×20 m×1.5 m(长×宽×深)

2. 试验模型

独立式土工袋垫层基础模型尺寸为 120 cm×120 cm×30 cm, 主要由三层 40 cm×40 cm×10 cm 的土工袋交错堆放而成。土工编织袋原材料为聚丙烯(PP), 其经、纬向抗拉强度分别为 47.36 kN/m 和 44.11 kN/m, 经、纬向伸长率分别为 13.70% 和 15.98%; 袋内装填天然河砂, 其细度模数为 2.50, 不均匀系数 $C_u = 4.03$, 曲率系数 $C_c = 0.88$。试验模型见图 3-12。

图 3-12　独立式土工袋垫层试验模型

在土工袋基础内部沿高度方向布置了 7 列加速度测点, 包括经过平行于振动方向土工袋空隙的 C 测列, 经过垂直于振动方向土工袋空隙的 E 测列, 经过十字形空隙的 A、B、D、F 测列及经过袋体的 G 测列; 此外, 在台面及上部结构的承载板处分别布置加速度传感器 I1、I2; 拉线位移计分别布置在同侧不同层土工袋及上部承载板处。具体的传感器布置示意图见图 3-13。

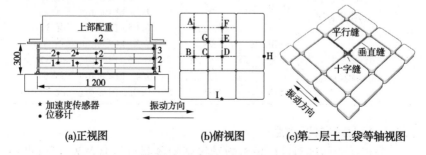

(a)正视图　　　　　　(b)俯视图　　　　(c)第二层土工袋等轴视图

图 3-13　传感器布置示意图　（单位:mm）

3. 试验方案

试验以限位结构、上部荷载及输入地震动峰值加速度作为变量,对独立式土工袋基础足尺模型开展了振动台试验,依次采用峰值加速度分别为 0.1g、0.2g 及 0.4g 的 El-Centro 地震波原波对模型进行激励,输入地震波的加速度时程曲线及傅里叶谱见图 3-14。每次地震波激励前后采用峰值加速度为 0.05g 的白噪声对模型进行扫描,以便得到各工况前后土工袋基础模型的自振特性参数,各组试验模型共设置 7 个工况,其中包括 4 个白噪声工况及 3 个地震波工况。具体试验方案见表 3-5。

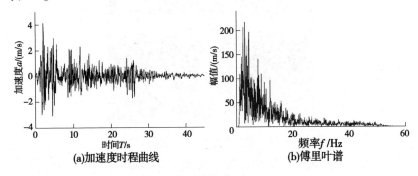

图 3-14　输入地震波(PGA = 0.4g)

表 3-5　独立式土工袋隔震基础足尺模型振动台试验方案

序号	隔震基础形式	模型编号	上部荷载/kPa	输入地震动
1	无限位土工袋隔震基础	NLSBI-45	45	0.05g 白噪声(工况 1) 0.1g El-Centro(工况 2) 0.05g 白噪声(工况 3)
2	有限位土工袋隔震基础	LSBI-30	30	0.2g El-Centro(工况 4)
3		LSBI-45	45	0.05g 白噪声(工况 5) 0.4g El-Centro(工况 6)
4		LSBI-60	60	0.05g 白噪声(工况 7)

3.2.1.2　结构自振特性

分析试验前后通过白噪声激励得到的各测点传递函数,可以进一步了解结构的自振特性。传递函数是以频率为自变量的复函数,通常以傅里叶变换的形式表征,从而将场地对输入地震波频率成分的影响进行定量表达。模型箱内某一测点的绝对(或相对)加速度传递函数可以通过下式求得

$$H(\omega, i) = F_{XY}(\omega, i) / F_{XX}(\omega) \qquad (3-2)$$

式中:$H(\omega, i)$ 为上部结构加速度响应时程对于台面输入加速度时程的传递函数;$F_{XY}(\omega, i)$ 为该测点的绝对(或相对)加速度时程[$a_i(t)$ 或 $a_i(t) - a_g(t)$]与振动台输入地震波加速度时程 $a_g(t)$ 的互功率谱;$F_{XX}(\omega)$ 为振动台面输入地震波加速度时程的自功率谱。

传递函数曲线各峰值对应的频率近似为各阶固有频率,测点阻尼比 λ 通过下式采用半功率带宽法计算得到:

$$\lambda = \frac{\omega_{12} - \omega_{11}}{2\omega_1} \qquad (3-3)$$

式中:ω_1 为测点的一阶固有频率(第一个峰值点对应的频率),即对应测点得到的基频;ω_{11} 和 ω_{12} 分别为一阶固有频率幅值 0.707 倍处左右两侧对应的频率,且 $\omega_{12} > \omega_{11}$。

考虑到相对传递函数与绝对传递函数的虚部重合,且两种传递函数的虚部曲线在峰值两侧的对称性较强,相比较于传递函数的实部和模,传递函数虚部使用式(3-3)计算得到的阻尼比更为准确,故此处对相对传递函数的虚部进行分析。图 3-15 为相同上部荷载($P = 45$ kPa)作用下,有、无限位土工袋垫层基础模型在地震波激励前、后测点 I2 的加速度相对于振动台台面的加速度传递函数。可以发现,无限位土工袋垫层基础模型[见图 3-15(a)]在地震波激励后对应的一阶固有频率相较于地震波激励前明显减小,而有限位土工袋垫层基础模型[见图 3-15(b)]在地震波激励前后得到的传递函数形态并未发生明显变化。固有频率的变化能够反映出地震波对模型结构自振特性的影响,也就是说,无限位土工袋垫层基础模型在地震波激励过程中产生了较大的不可恢复层间滑移量导致整体结构稳定性的变化,表现为结构基频有所减小,而有限位土工袋垫层基础由于钢筋限位框的约束作用,最大层间滑移量得到控制,因此在地震波激励下结构的自振特性较为稳

定,直接表现为结构基频在地震波激励前后变化不显著。

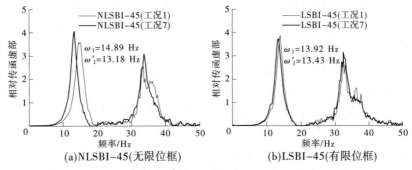

(a)NLSBI-45(无限位框)   (b)LSBI-45(有限位框)

图3-15　土工袋垫层基础模型I2测点相对于振动台台面的
加速度传递函数(P=45 kPa)

　　图3-16为不同上部荷载(P=30 kPa、45 kPa及60 kPa)作用下,有限位土工袋垫层基础模型在地震波激励前、后试验模型测点I2对于振动台台面的相对加速度传递函数。比较三组有限位土工袋垫层基础模型试验前、后的传递函数,可以明显发现随着上部荷载的增加,模型结构试验前、后的传递函数形态变化更加显著。上部荷载较小时,土工袋垫层基础模型的一、二阶固有频率在经过地震波激励后基本保持不变;而在上部荷载较大的情况下,模型结构的一、二阶固有频率在地震波激励后均明显减小。随着上部荷载的增大,模型结构产生的地震惯性力也随之增大,相应的在土工袋垫层基础发生层间滑移过程中对钢筋限位框产生的水平作用力也逐渐增大,由于钢筋属于延性材料,在较大的水平作用力下其产生的变形也越大,从而使得上部荷载较大的土工袋垫层基础模型在相同地震波激励下容易产生更大的层间滑移量,因此模型结构的自振特性变化也更加显著,导致其固有频率发生改变。

　　基于上述传递函数的变化情况,统计了各试验模型在地震波激励前、后以及不同峰值加速度地震波激励后的一、二阶固有频率,并根据式(3-3)计算得到了各工况下的阻尼比,见表3-6。可以发现,输入地震波对无限位土工袋垫层基础模型的结构自振特性影响较大,表现为基础模型基频(一阶固有频率)在地震波激励前(工况1)、后(工况7)变化较大,且结构阻尼比也在地震波激励后明显减小;而在相同上部荷

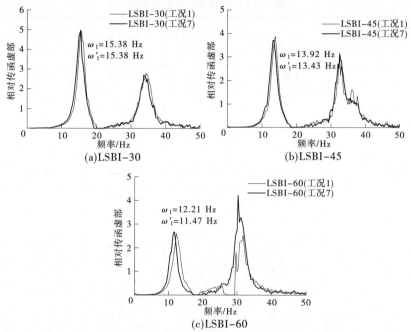

图 3-16　试验模型 I2 测点相对于振动台台面的加速度传递函数

载作用下,有限位土工袋垫层基础模型结构的基频以及阻尼比在地震波激励过程中则变化较小,这也能够反映出钢筋限位框具有良好的限位效果。对于有限位土工袋垫层基础模型,上部荷载对钢筋限位框的限位效果有较大的影响,在上部荷载较小的情况下($P = 30$ kPa、45 kPa),限位框的限位效果较好,模型结构的自振特性在地震波激励前后变化不大,表明在钢筋限位框的约束下,土工袋垫层基础最后产生的层间残余滑移量较小,结构整体基本稳定;而在上部荷载较大的情况下($P = 60$ kPa),由于土工袋垫层基础受到的水平地震惯性力相对较大,钢筋限位框产生了明显的变形,导致土工袋垫层基础产生了较大的层间残余滑移量,结构自振特性发生了改变,因此在地震波激励下结构的基频和阻尼比变化较为显著。

表 3-6 模型自振频率及阻尼比

试验模型	试验工况	一阶固有频率/Hz	阻尼比	二阶固有频率/Hz
NLSBI-45	工况 1	14.89	0.066	33.45
	工况 3	14.65	0.067	33.69
	工况 5	13.92	0.053	33.69
	工况 7	13.18	0.046	33.94
LSBI-30	工况 1	15.38	0.048	34.18
	工况 3	15.38	0.049	34.18
	工况 5	15.38	0.048	34.18
	工况 7	15.38	0.048	33.69
LSBI-45	工况 1	13.92	0.053	32.47
	工况 3	13.67	0.056	32.96
	工况 5	13.43	0.055	32.71
	工况 7	13.43	0.055	32.96
LSBI-60	工况 1	12.21	0.060	31.74
	工况 3	12.21	0.058	30.27
	工况 5	11.96	0.061	30.27
	工况 7	11.47	0.053	30.27

3.2.1.3 模型结构动力响应

1. 加速度响应

图 3-17 为上部荷载 $P = 45$ kPa 情况下土工袋垫层基础模型的上部配重块以及振动台台面的加速度时程曲线。由图 3-17 可以发现,经过土工袋垫层基础后上部配重块处的加速度出现了衰减,在地震动峰值加速度 PGA=0.1g、0.2g 及 0.4g 的情况下,振动台台面加速度响应峰值分别为 0.88 m/s^2,2.15 m/s^2 和 3.76 m/s^2,经过土工袋垫层基础的

上部配重块处加速度峰值分别为 0.73 m/s²、2.09 m/s² 和 3.73 m/s²,均小于振动台台面的加速度响应结果。此外,上部配重块处的加速度时程曲线中各峰值相较于振动台台面明显减小,这也充分反映出土工袋垫层基础具有较好的减隔震作用。

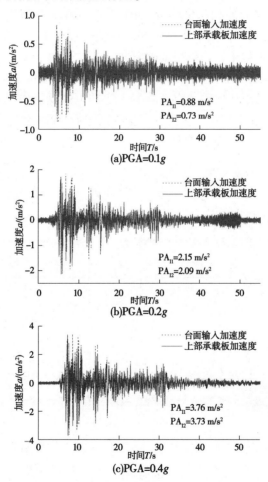

图 3-17　加速度时程曲线(模型 LSBI-45,测点 I1、I2)

2. 模型结构位移响应

不同于其他的滑移隔震材料,土工袋垫层在地震波激励过程中主要发生上下层袋体间的滑移,为了减小袋体层间的不可恢复滑移量,需要在土工袋隔震垫层周围安装限位装置,用于控制土工袋层间的最大残余滑移量。为了分析限位框对土工袋垫层的限位效果,对比了地震波激励过程中无限位土工袋垫层基础模型和有限位土工袋垫层基础模型中土工袋层间的相对位移量,如图 3-18 所示。可以发现,在地震波激励过程中,无限位土工袋垫层基础模型中各层土工袋的相对位移量明显大于有限位土工袋垫层基础模型;在地震波激励结束后,无限位土工袋垫层基础模型产生了较大的残余滑移量,有限位土工袋垫层基础模型则在钢筋限位框的约束下具有一定的可恢复能力,但随着上部荷载的增大,钢筋限位框产生的变形量逐渐增加,导致土工袋垫层产生的层间残余滑移量也随之增大。

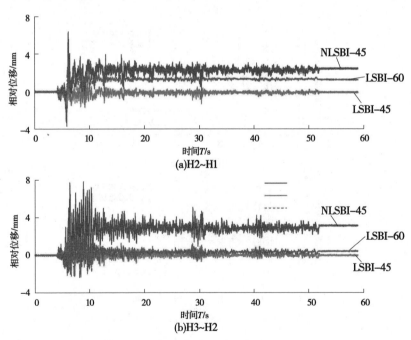

图 3-18　土工袋层间相对位移时程曲线(PGA = 0.4g)

3.2.1.4　土工袋垫层的地震波阻隔作用分析

为了分析地震波激励过程中土工袋基础的减隔震机制,并区分袋体的减震消能作用和袋间空隙的地震波阻隔作用,统计了经过不同类型土工袋袋间空隙及袋体的加速度响应情况,如图 3-19 所示。土工袋作为柔性结构,在地震波作用下土工袋单体不同部位的加速度响应可能大不相同,在袋体不同部位布置加速度传感器能够有效监测土工袋不同部位的加速度响应情况。可以发现,在地震动峰值加速度较小的情况下,经过袋体的测点加速度放大系数明显小于经过袋间空隙的测点,土工袋垫层主要通过袋体自身耗能达到减震的效果;随着地震动峰值加速度的逐渐增加,经过袋体的测点加速度放大系数逐渐增大并接近于 1,而经过袋间空隙的测点加速度放大系数则有所减小。在地震动峰值较小时,主要通过袋体的拉伸变形产生耗能及袋内土体发生剪切变形产生的摩擦耗能;随着地震动峰值的增大,袋内土颗粒逐渐密实,土工袋单元体的动剪切模量逐渐增大,阻尼耗能效果有所减小,同时土工袋层间发生滑移产生摩擦耗能,袋间空隙扩大,有利于土工袋垫层阻隔地震波向上部结构的传递。

总结上述独立式土工袋垫层基础足尺模型振动台试验结果,可以得到以下结论:

(1)土工袋垫层具有较好的减隔震效果,能够有效衰减地震波向上部结构的传递。土工袋在振动过程中由于地震惯性力作用产生剪切变形,袋内土颗粒间产生摩擦耗能,袋体张拉变形能够耗散部分能量;此外,土工袋发生层间滑移也能够产生摩擦耗能,土工袋袋间空隙则能有效阻隔部分地震波的传递,从而达到减震、隔震的作用。

(2)随着地震动峰值加速度的增大,经过土工袋垫层袋间空隙的测点加速度放大系数逐渐减小,即袋间空隙的地震波阻隔能力逐渐增加;相反的,经过土工袋袋体的加速度放大系数随之增大,袋体自身的减震消能作用逐渐减弱。

(3)限位结构能够有效限制土工袋垫层由于水平地震惯性力产生的层间滑移量,在地震波激励过程中能够保证结构的稳定性,同时限位结构具有一定的变形恢复能力,地震波激励后有限位土工袋垫层基础模型的层间残余滑移量明显小于无限位土工袋垫层基础模型。

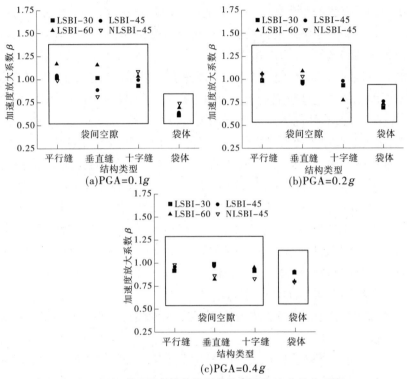

图 3-19　经过不同空隙结构及袋体后的加速度放大系数

3.2.2　考虑上部房屋结构的土工袋垫层基础模型

模拟土工袋垫层在农居中、低层砌体房屋建设中的减震消能作用,以地基土-土工袋垫层-上部砌体结构组成的整体模型,开展大型振动台试验。综合考虑前述试验相关结论,选用河砂土工袋单元体,土工袋垫层按照交错式铺设,在相邻两个土工袋之间设置一定的空隙。通过对比试验的方式,重点关注交错式土工袋垫层的限位措施对上部砌体结构的减隔震效果,并与传统砂垫层进行对比分析。

3.2.2.1　试验模型

试验模型中包含了地基土、土工袋垫层及上部砌体结构,设置在一个自行研制的尺寸为 2.0 m(长)×1.2 m(宽)×1.1 m(高)的叠层剪切模型箱中。叠层剪切模型箱(见图 3-20)的框架由 14 层方钢管堆叠而成,方形钢管截面尺寸为 60 mm×60 mm,壁厚为 3 mm,各层方钢管之间设置了大量钢珠,以实现各层方钢管与箱内土体同步剪切,尽量消除模型箱边界效应。为了防止剪切模型箱内土体颗粒和水分的漏出,在模型箱内壁设置厚度为 2 mm 的橡胶膜,该橡胶膜还可以有效地降低地震波触壁反射叠加对试验结果造成的随机误差。试验模型设置在叠层剪切模型箱中。

图 3-20　叠层剪切模型箱

1. 模型地基制作

模型地基在叠层剪切模型箱中进行制作。模型地基土选用某房屋基础开挖黏土,其最优含水率为 21.0%。现场取回的土料晾晒处理后,使用碎土机进行碎土,全部碎成 10 mm 以下的土颗粒。均匀洒水至土料最优含水率,在叠层剪切模型箱中分层铺设与压实,每层松铺厚度为 250 mm,压实后厚度为 200 mm,逐层压实到目标高度后在地基表面覆盖一层塑料薄膜防止水分蒸发损失,静止 48 h。随后,在模型地基表面绘制上部结构模型边界线,并开挖 200 mm 深的基槽,用于回填土工袋垫层或对比试验组的河砂,如图 3-21(a)所示。

(a)模型地基槽

(b)模型整体

图3-21　考虑上部砌体结构的试验模型

2. 上部砌体模型制作

上部结构模型的原型选取农村地区量大面广的单层砖砌体结构房屋,平面尺寸为6 000 mm×3 200 mm,房屋高度为3 000 mm。按1:4比尺的长度相似关系缩尺后的房屋结构模型尺寸为1 500 mm×800 mm×750 mm,土工袋单体尺寸为100 mm × 100 mm × 25 mm。与3.1.1中小型振动台试验一样,取长度l、密度ρ和加速度a作为试验模型的控制量,按照Buckingham理论(π定理)进行量纲分析,推导出其他物理量,各物理量的具体相似关系如表3-2所示。

首先,在水泥地面上采用建筑用砖砌筑一个上部房屋结构模型。根据模型相似比1:4将建筑用砖切割成尺寸为75 mm×115 mm×53 mm的模型用砖,用方钢管焊接制作一个截面尺寸为100 mm×125 mm的刚性圈梁基础,在圈梁基础上进行房屋的砌筑工作,最终砌筑完成的房屋结构模型的尺寸为1 530 mm×850 mm×780 mm,外墙厚度为80 mm。然后,进行整个上部房屋砌体结构-土工袋垫层模型的组装工作。在地基基槽中通过交错排列的方式铺设3层河砂土工袋作为隔震垫层,通过桁车将单层砖砌体自建房屋结构模型吊装到地基基槽中,模型总质量约为5.1 t。制备好的模型全貌如图3-21(b)所示。

3.2.2.2　仪器布置与试验方案

1. 传感器布置

分别在叠层剪切模型箱、地基土层及上部砌体结构模型结构上布置了若干单向加速度传感器和拉线位移传感器,所有传感器数据通过

135 通道数据采集仪进行同步采集。在基槽处设置三列加速度测点，各列分别沿高度方向布置四个加速度传感器（A1~A4、B1~B4、C1~C4），在叠层剪切模型箱侧壁沿高度方向分别布置两个加速度传感器（D1、D2）；同时，在模型箱侧壁布置三个拉线位移计（H1~H3），上部房屋结构沿高度方向布置两个拉线位移计（H4、H5），具体布置方案如图 3-22 所示。

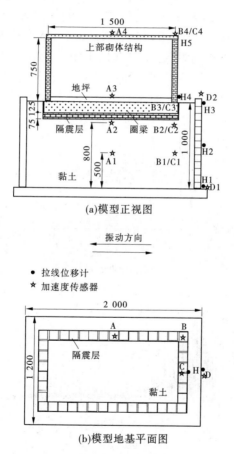

(a)模型正视图

振动方向

● 拉线位移计
★ 加速度传感器

(b)模型地基平面图

图 3-22　结构模型及传感器布置示意图　（单位：mm）

2. 试验方案

　　试验设置三组模型结构,探究不同减隔震基础对上部结构在地震力作用下的动力响应情况,分别为有限位的土工袋隔震基础(LSBI)、无限位的土工袋隔震基础(NLSBI)及砂垫层隔震基础(SI)。输入地震波选用 El-Centro 地震波(NS 分量),峰值加速度 PGA = 0.1g、0.2g、0.4g。每级地震波加载前后分别对模型进行峰值为 0.05 g 的白噪声扫频,以便分析模型结构的自振频率和结构阻尼比的变化,之后分别按调幅比例 10%、20%、40%,即 0.1g、0.2g、0.4g,依次输入地震波,其典型加速度时程曲线与傅里叶谱(以 PGA = 0.4g 为例)如图 3-23 所示。表 3-7 列出了每个地震动强度的加载序列。值得注意的是,试验前已使用近似模型质量的质量块对振动台输入地震波进行了迭代与修正。

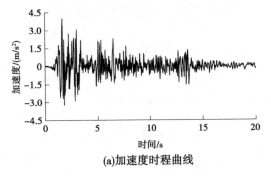

(a)加速度时程曲线

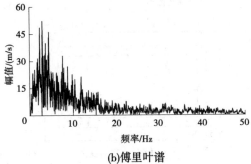

(b)傅里叶谱

图 3-23　输入地震动特性(PGA=0.4g)

表 3-7　试验方案与输入地震动

序号	隔震基础形式	输入地震动
1	有限位的土工袋隔震基础/LSBI	0. 05g 白噪声（工况 1）—0. 1g El. Centro（工况 2）—白噪声（工况 3）—
2	无限位的土工袋隔震基础/NLSBI	0.2g El Centro（工况 4）—白噪声（工况 5）—0. 4g El. Centro（工况 6）—
3	砂垫层隔震基础/SI	白噪声（工况 7）

3.2.2.3　试验结果分析

1. 结构自振特性

根据式（3-2）计算得到模型某一测点的加速度传递函数,通过分析试验前后通过白噪声激励得到的传递函数,可以进一步了解结构的自振特性。图 3-24 为三种试验模型靠近隔震垫层的测点 A2 对于振动台面的相对加速度传递函数。由图 3-24 可以发现,不同频段的地震波分量在模型中的传播规律不尽相同,低频段（0~10 Hz）和高频段（45~50 Hz）分量衰减较大,而在 10~45 Hz 频段,地震波在传播过程中均出现了不同程度的放大现象。由图 3-23 输入地震动的傅里叶谱可知,El-Centro 波的主频段为 0~10 Hz,可以保证试验模型在 El-Centro 波作用下不发生共振现象,并且对 El-Centro 波的衰减作用十分显著。土工袋隔震基础模型的 A2 测点［见图 3-24（a）、（b）］经过三次不同峰值加速度的 El-Centro 地震波激励后传递函数形态并未发生明显变化,一、二阶固有频率基本保持稳定,仅在峰值处发生了幅值增减的情况;而砂垫层隔震基础在受到地震波激励后 20~30 Hz 频段的传递函数发生了显著变化,其二阶固有频率明显增大,这也可以说明在地震波激励下,砂垫层与上部结构间可能出现了较大的相对滑移,砂垫层地基发生一定程度的失稳,从而改变了试验模型结构体系的整体刚度,使得结构的固有频率及振动周期也发生了变化。

表 3-8 统计了试验过程中四次白噪声工况下隔震垫层的基频（一阶固有频率）和阻尼比。可以发现,土工袋垫层的基频和阻尼比在地震波输入前后保持稳定,其动力特性基本不受试验给定的地震波激励

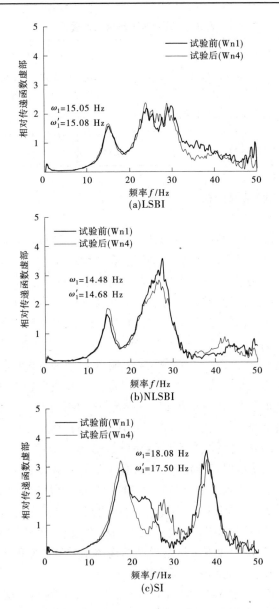

图 3-24　模型地基土测点 A2 对于振动台面的加速度传递函数

影响,并且有限位土工袋隔震垫层的基频较无限位土工袋隔震垫层更加稳定,这也能反映出钢筋限位框对土工袋垫层具有较好的约束能力,能够减小土工袋垫层在地震惯性力作用下产生的层间滑移量,使得模型结构在地震波激励过程中整体较为稳定;而砂垫层的基频和阻尼比在地震波输入前后出现了较为明显的变化,阻尼比出现了先减小后增大的趋势,这是由于砂垫层在输入波峰值加速度较小的工况下逐渐密实,整体剪切刚度增大,阻尼比随之减小;随着输入地震波峰值加速度的增大,砂垫层开始发生局部滑移,整体结构在地震波激励过程中稳定性减弱,剪切刚度开始减小,而阻尼比则随之增大。总的来说,有限位土工袋隔震垫层在地震工况下的稳定性相对较好。

表 3-8　模型地基土及上部结构的基频与阻尼比

隔震层类型	动力参数	工况			
		Wn1	Wn2	Wn3	Wn4
LSBI	基频/Hz	15. 05	14. 94	15. 06	15. 08
	阻尼比/%	8. 16	8. 15	8. 11	8. 12
NLSBI	基频/Hz	14. 48	14. 43	14. 63	14. 68
	阻尼比/%	6. 11	6. 13	6. 04	6. 13
SI	基频/Hz	18. 08	17. 73	17. 52	17. 50
	阻尼比/%	9. 87	9. 21	9. 29	9. 32

2. 加速度时程曲线

图 3-25 为不同地震动峰值加速度情况下有限位的土工袋隔震基础模型与砂垫层隔震基础模型在 A3 测点(上部结构圈梁处)的加速度时程曲线。由图 3-25 可见,在地震动峰值加速度 PGA 分别为 0.1g、0.2g 及 0.4g 的情况下,砂垫层隔震基础模型在 A3 测点处的响应加速

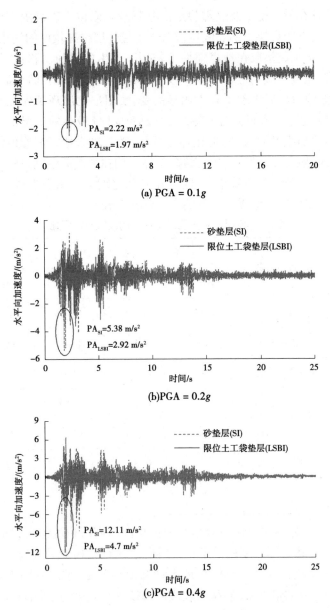

图 3-25　测点 A3 处加速度时程曲线

度峰值 PA_{SI} 分别对应为 2.22 m/s²、5.38 m/s² 和 12.11 m/s²,有限位的土工袋隔震基础模型 PA_{LSBI} 则分别为 1.97 m/s²、2.92 m/s² 和 4.7 m/s²,土工袋隔震基础能够明显减弱地震波的传递,并且随着地震动峰值加速度的增大,经过土工袋隔震基础的上部结构加速度响应相比较砂垫层隔震基础明显减小。

3. 加速度放大系数

为了便于对比分析不同工况下模型的加速度响应情况,将试验测得的加速度峰值进行了归一化处理,将不同测点对应的加速度峰值与模型箱底部测点加速度峰值的比值定义为对应测点的加速度放大系数 β。图 3-26 为不同地震动峰值加速度条件下三种隔震基础模型不同测点沿高度方向加速度放大系数变化情况。在地震动峰值加速度为 $0.1g$ 的情况下,土工袋隔震基础模型与砂垫层隔震基础模型在不同测列的加速度放大系数沿高度变化曲线形态类似且靠近;随着地震动峰值加速度峰值的增大,土工袋隔震基础模型与砂垫层基础模型的加速度放大系数沿高度变化曲线在经过隔震层后的测点($h = 1$ m)处出现明显分离,经过土工袋隔震垫层的上部结构测点加速度放大系数明显减小;当地震动峰值加速度为 $0.2g$ 和 $0.4g$ 时,土工袋隔震基础模型在高度 1 m 各测点的加速度放大系数均小于砂垫层隔震基础模型,这也反映出土工袋在加速度较大的情况下更能够发挥其减震消能作用。对比有限位土工袋隔震垫层与无限位土工袋隔震垫层的加速度响应情况,可以发现在地震动峰值加速度为 $0.1g$ 时,经过有限位土工袋隔震垫层的上部结构加速度放大系数更小;相反的,随着地震动峰值加速度的增大,无限位土工袋能通过相对较大的变形以及层间滑移耗散更多的能量,表现为上部结构的加速度放大系数减小;总体上看两者的加速度放大系数随高度变化曲线比较靠近,钢筋限位框并未对土工袋隔震基础的耗能产生明显的削弱作用,两者均具有较好的减隔震效果。

4. 频谱分析

图 3-27～图 3-29 分别为砂垫层隔震基础模型、无限位土工袋隔震基础模型及有限位土工袋隔震基础模型在不同地震动峰值情况下 A

列各测点的加速度傅里叶谱。在不改变频谱图基本趋势及形状的前提下,对傅里叶谱进行适当去噪平滑处理,能够更清晰地展示频谱分布规律。可以发现,同一列不同高程测点的加速度傅里叶谱形态具有一定的相似性,第一主频主要集中在 5 Hz 左右,第二主频则集中在 45 Hz 左右。傅里叶谱中的幅值能够反映地震波中不同频率分量对模型结构的影响程度,幅值越大,对应频率分量对结构的影响越大。对于砂垫层隔震基础(见图 3-27),在不同地震动峰值条件下,其高频段与低频段幅值沿高度方向出现明显放大现象,对应图 3-26 则表现为加速度放大

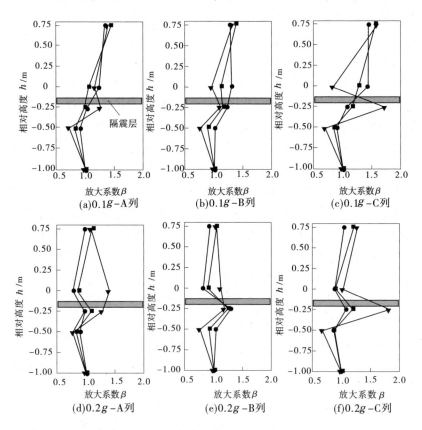

图 3-26　加速度放大系数沿高度方向变化情况

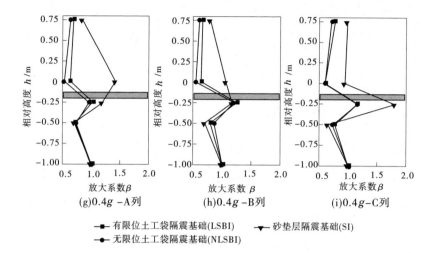

(g)0.4g—A列　　　　(h)0.4g—B列　　　　(i)0.4g—C列

—■— 有限位土工袋隔震基础(LSBI)　　—▼— 砂垫层隔震基础(SI)
—●— 无限位土工袋隔震基础(NLSBI)

续图 3-26

系数增大或是出现大于 1 的情况,即减隔震效果相对不显著;而对于土工袋隔震基础(见图 3-28、图 3-29),在地震动峰值加速度较小(PGA = 0.1g、0.2g)的情况下,上部结构 A3 测点的傅里叶谱在高频段出现一定程度的放大现象,而低频段的幅值则无明显变化;地震动峰值加速度较大(PGA = 0.4g)时,A3 测点傅里叶谱幅值在高频段沿高度方向的变化也很小,说明土工袋隔震基础在地震动峰值加速度较大的情况下对高频波有明显的衰减作用,这也从另一角度验证了图 3-26 中 PGA = 0.4g 情况下经过土工袋隔震基础的上部结构加速度放大系数明显减小的情况。

表 3-9 统计了不同隔震基础模型 A3 测点在不同地震动峰值加速度工况下的第一、二主频和幅值。频谱幅值越大,表明地震波在该测点产生的能量差异就越大,相应的测点加速度响应差异也越大。可以发现,有限位土工袋隔震基础(LSBI)与无限位土工袋隔震基础(NLSBI)在不同地震动峰值加速度工况下的主频对应的幅值差值较小,对应不同工况下两组模型 A3 测点的加速度放大系数较为接近;在 PGA = 0.1g、0.2g 和 0.4g 时,砂垫层隔震基础与有限位土工袋隔震基础的第

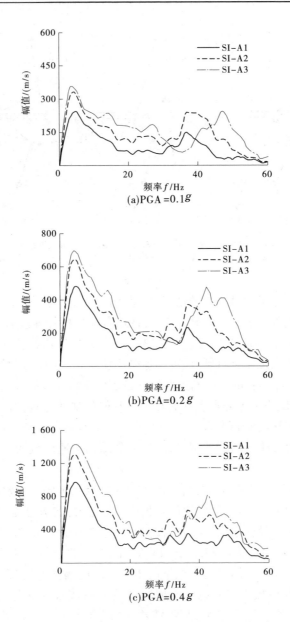

图 3-27 砂垫层隔震基础(SI) A 列各测点加速度傅里叶谱

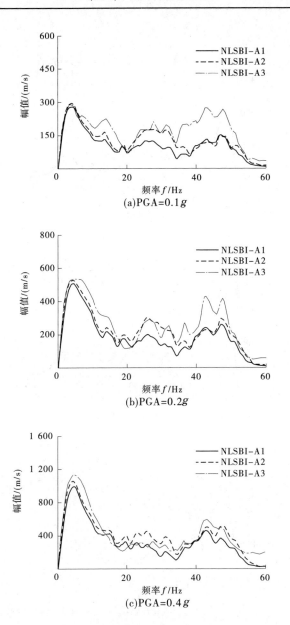

图 3-28　无限位土工袋隔震基础(NLSBI) A 列各测点加速度傅里叶谱

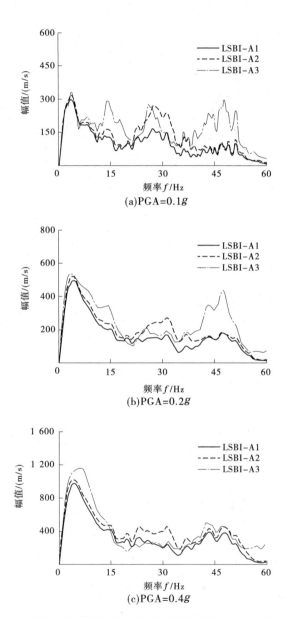

(a)PGA=0.1*g*

(b)PGA=0.2*g*

(c)PGA=0.4*g*

图 3-29　有限位土工袋隔震基础(LSBI)A 列各测点加速度傅里叶谱

一主频幅值差则分别对应 24. 36 m/s、166. 28 m/s 和 287. 96 m/s,即第一主频幅值差随着地震动峰值加速度的增大明显增加,同时对比图 3-26(a)、(e) 和 (i) 后可以发现,砂垫层隔震基础与有限位土工袋隔震基础在 A3 测点的加速度放大系数差值也随着地震动峰值加速度的增大而逐渐增大,即土工袋隔震垫层的减隔震效果随着地震动峰值加速度的增大更加显著。

表 3-9　不同地震动峰值加速度工况下测点 A3 的主频及幅值

地震动峰值加速度/g	隔震垫层类型	第一主频 f_1/Hz	幅值/(m/s)	第二主频 f_2/Hz	幅值/(m/s)
0. 1	SI	4. 36	361. 11	47. 18	248. 62
	NLSBI	3. 86	289. 36	43. 16	280. 09
	LSBI	3. 78	336. 75	47. 71	329. 94
0. 2	SI	4. 59	700. 33	42. 57	479. 82
	NLSBI	4. 33	536. 52	42. 65	430. 42
	LSBI	3. 81	534. 05	47. 31	439. 86
0. 4	SI	4. 49	1 446. 42	42. 59	824. 88
	NLSBI	4. 83	1 131. 55	42. 71	601. 29
	LSBI	6. 28	1 158. 46	42. 62	501. 07

5. 位移响应

通过统计上部结构楼板处测点(H5)与圈梁附近测点(H4)的位移峰值差可以计算得到不同工况下上部结构任意时刻的位移角 γ：

$$\gamma = \frac{|d_{H5} - d_{H4}|}{h_{H4,H5}} \tag{3-4}$$

式中：d_{H5}、d_{H4} 分别为对应测点 H5 和 H4 的实时位移；$h_{H4,H5}$ 为测点 H4 和 H5 的高程差,本试验模型 $h_{H4,H5}$ = 0. 7 m。

图 3-30 给出了三种隔震基础模型的上部结构最大位移角 γ_{max} 随输入波峰值加速度 PGA 的变化。在地震动峰值加速度较小的情况下,上部结构产生的位移角较小,且采用砂垫层基础的上部结构位移角略小于土工袋隔震基础的上部结构位移角,这与前文三类隔震基础的加速度响应结果一致。在输入波峰值加速度较大的情况下,经过砂垫层

隔震基础的上部结构位移角明显增加,并且大于经过土工袋垫层隔震基础的上部结构位移角,即砂垫层基础的上部结构受到较大的地震惯性力作用后产生了更大的位移变形,相应地其加速度响应也更为显著,说明相比较于土工袋垫层隔震基础,砂垫层隔震基础受地震波的影响更大。此外,相比较经过无限位土工袋垫层的上部结构位移角,经过有限位土工袋垫层的上部结构位移角相对较大,这是由于钢筋限位框的约束作用导致结构整体的剪切模量有所增大,相应地在相同地震惯性力作用下经过有限位土工袋垫层的上部结构加速度响应较大(见图 3-26),其上部结构位移角也随之增加。

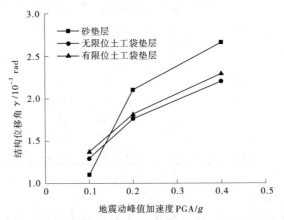

图 3-30　结构位移角随地震动峰值加速度的变化

6. 用于土工袋隔震垫层的限位结构适用性

由于袋体层间滑移作用,土工袋隔震垫层以及上部结构在地震动输入过程中仍会产生较大的相对位移,存在震后不可恢复滑移显著的问题。为了提高土工袋隔震基础在民居房屋建设中的适用性,提出了一种适用于土工袋隔震基础的限位方法,该限位结构的构造形式及试验布置见图 3-31。考虑到试验模型的相似关系,限位结构采用直径为 4 mm 的纵筋,布置间隔为 5 cm;箍筋直径选用 2 mm,沿土工袋高度方向分别布置三层箍筋,于纵筋和箍筋交叉位置处进行简单绑扎,并对采用钢筋限位框的土工袋隔震基础模型(LSBI)进行地震波激励,分析地基土层-基础-上部结构的整体动力响应情况。

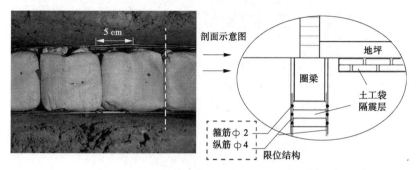

图 3-31　土工袋隔震基础限位结构示意图

　　将不同工况下试验过程中上部结构圈梁处测点(H4)与叠层剪切模型箱同高程测点(H3)的最大位移差值定义为结构最大滑移 δ_{max},能够反映试验过程中上部结构相对于地基土层产生的最大滑移量。图 3-32 为不同隔震基础模型的结构最大滑移量随地震动峰值加速度的变化。总体上看,随着地震动峰值加速度的增加,结构最大滑移量也逐渐增大,表明地震动强度对上部结构的变形及位移影响显著。在地震动峰值加速度 $PGA = 0.2g$、$0.4g$ 的情况下,土工袋隔震基础的结构最大滑移明显小于砂垫层隔震基础,而在地震动峰值加速度较小的情况下,结构最大滑移量基本相同。本次试验结果表明,钢筋限位框能够在一定程度上减少上部结构的滑移量,具有较好的限位作用,相比较无限位土工袋隔震基础以及砂垫层隔震基础,有限位土工袋隔震基础模型的结构最大滑移量明显较小。

　　上述考虑地基土层-隔震基础-上部结构相互作用的振动台模型试验结论表明:

　　(1)经过地震波激励作用,砂垫层隔震基础模型中靠近隔震垫层的测点相对于振动台台面的加速度传递函数在二阶固有频率处形态发生明显变化,模型结构基频明显减小;而土工袋隔震基础模型的加速度传递函数以及对应的一、二阶固有频率基本不随地震动峰值加速度的变化而改变。

　　(2)在地震动峰值加速度较小的情况下,砂垫层隔震基础和土工

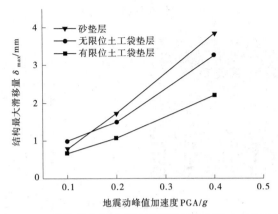

图 3-32　结构最大滑移量随地震动峰值加速度的变化

袋隔震基础在上部结构的加速度时程曲线峰值较为接近;随着地震动峰值加速度的增大,经过土工袋隔震基础的上部结构加速度响应明显小于砂垫层隔震基础,相应的其上部结构的加速度放大系数也明显减小。

(3)砂垫层隔震基础模型的第一主频对应幅值沿高度方向明显增大,而土工袋隔震基础模型第一主频对应幅值较为稳定,反映了经过砂垫层隔震基础的上部结构在地震波激励下产生了更大的能量,即加速度响应较为显著。

(4)对比砂垫层隔震基础,经过有限位的土工袋隔震基础的上部结构加速度响应、位移角以及结构滑移均明显降低,具有显著的隔震效果,并且限位土工袋结构施工简单、材料易获取,在中、低层砌体房屋建设中适用性较好。

3.3　土工袋垫层抗地震液化性能试验

土工袋垫层不仅可以用于房屋结构的基础减隔震,而且还可以作为一种有效的地基抗液化措施。由地震引起的砂土液化,是由于孔隙水压力上升,有效应力降低所导致砂土从固态转为液态的现象,集中体现为地面喷水冒砂、建筑物大量沉陷和地基不均匀沉降等。现行的地基抗液化思路及措施主要分为两种:一是提高土体的抗液化能力,主要采用挖除换填、压密、围封和灌浆等方法;二是改变土体液化时的应力条件,主要采用压重、加筋、排水和桩基础等方法。

土工袋是将土装入编织袋内而形成的一种柔性结构,在外力的作用下袋体中会产生张力,张力约束袋内土体,使得土工袋本身具有较高的强度,将土工袋布置在地基内可大幅度提高地基承载力;同时,由于编织袋袋体本身为良好的排水界面,土工袋具有滤水保土的作用,且土工袋袋间存在空隙,地基内产生的孔隙水容易通过空隙排出,从而加快了孔压消散速度,因此土工袋及其组合体可以满足抗液化的要求,工程实践已证实土工袋加固地基具有抗液化的效果。下面通过一系列小振动台试验,在验证土工袋约束作用的基础上,进一步研究土工袋及组合体的排水性能对地基抗液化效果的作用,并研究加速度峰值、土工袋层数和排列方式对抗液化效果的影响。

3.3.1　试验模型

试验在 3.1 节介绍的台面尺寸为 70 cm×70 cm 的 DY600-5 电磁式小振动台上进行。振动台面上固定一个外部尺寸为 70 cm×60 cm × 40 cm(长×宽×高)、由有机玻璃制作的模型箱。为减少模型箱侧壁的波动反射,模型箱内侧均匀压入密度为 50D 的海绵,沿振动方向两侧海绵垫厚度为 5 cm,在海绵垫内侧设置一层厚 0.5 mm 的复合土工膜,用来防止砂土或水的渗出。振动过程中,模型地基中的超静孔隙水压力和侧向动土压力分别采用灵敏度为 0.01 mV/kPa 的孔压计和土压力计来量测,模型地基表面沉降量采用固定在自制铁架上灵敏度为 20 mV/mm 的位移计来量测,如图 3-33 所示。

试验模型地基采用细砂制作,其平均粒径为 0.170 mm,细度模数为 1.7,级配曲线见图 3-34,不均匀系数为 2.21,属于级配不良且易于发生液化现象的细砂。

(a)实物照片

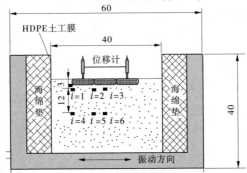

(b)模型地基示意图

图 3-33　DY600-5 电磁式小振动台及模型箱

　　土工袋袋体采用原料为聚丙烯(PP)、克重为 83.2 g/m² 的白色编织袋制作,袋体平铺尺寸为 26 cm×15.5 cm,其特性参数见表 3-10。渗透系数为 8.22×10⁻³ cm/s 的编织袋袋体具有良好的透水性;袋内装填与模型地基相同的细砂,小于袋体有效孔径 0.093 mm 颗粒的百分含量约占 12%,袋体基本能够保证细砂不易漏出。试验用土工编织袋袋体具有良好的滤水保土效果。每个土工袋袋内装填 0.45 kg 细砂,封口并整平后尺寸为 10 cm×10 cm×2.5 cm。

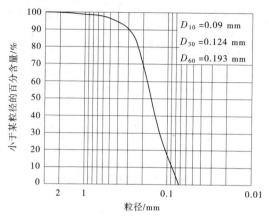

图 3-34　模型地基细砂级配曲线

表 3-10　土工编织袋主要参数

名称	抗拉强度/(kN/m)		伸长率/%		渗透系数/ (cm/s)	有效孔径 O_{90}/mm
	经向	纬向	经向	纬向		
土工袋	8.12	8.20	15	16	8.22×10^{-3}	0.093

3.3.2　试验方案

首先验证袋内土体的抗液化性能,然后研究土工袋组合体对地基土的抗液化性能以及振动加速度、层数和排列方式等对地基土抗液化效果的影响。

3.3.2.1　袋内土体的抗液化性能

在土工袋内中部位置预先埋设 1 只孔压计,将土工袋分别布置在模型地基表面和距表面深度 15 cm 的位置。以模型内部中心为基准,在垂直振动方向对称位置的地基中埋设 2 只孔压计,如图 3-35(a)所示。通过比较振动过程中袋内土体与同深度处地基土的超静孔压的变化,来验证袋内土体的抗液化性能。

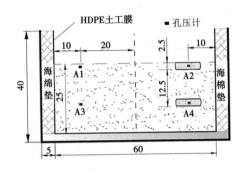

(a)袋内土体的抗液化性能试验

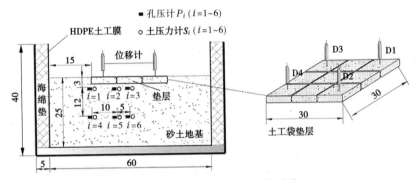

(b)地基土的抗液化性能试验

图 3-35　抗液化效果试验布置立面示意图(垂直振动方向)　（单位:cm）

3.3.2.2　土工袋组合体的抗液化性能

　　为验证土工袋组合体在地基土中的抗液化性能,设计了三组具有不同排水界面与通道垫层的对比试验,分别为土工袋垫层、不透水刚性垫层和不透水土工袋垫层。土工袋垫层由 3×3 方式布置的 9 个土工袋组成,平面尺寸为 30 cm × 30 cm、高 2.5 cm;不透水刚性垫层由亚克力板制成与土工袋垫层相同尺寸的盒子,盒内装填饱和细砂,其质量与土工袋垫层质量相同,与土工袋垫层相比,模型地基中水无法通过界面进入垫层,且垫层内没有排水通道;不透水土工袋由内壁附有一层塑料膜的袋子装填饱和砂土而成,其垫层尺寸及质量与土工袋垫层相同,与土工袋垫层相比,保留袋间排水通道,但不考虑土工袋的滤水保土作用。三种垫层均布置在模型地基表层的中部,模型地基深度均为 25 cm。

对于每一种垫层的试验,在垫层四角土工袋的表面中心位置布置 4 只位移计,用以量测垫层表面在振动过程中的沉降;在垫层的下部土体中埋设 6 只孔压计和 6 只土压力计,用以记录振动过程中模型地基的超静孔隙水压力与侧向动土压力的变化。孔压计和土压力计紧挨布置在垂直振动方向的中心面上,沿深度方向布置两排,距模型地基表面深度分别为 3 cm 和 15 cm;每排各布置 3 只孔压计和土压力计,分别位于垫层中心、距中心 5 cm(袋间)和 10 cm(垫层边界),如图 3-35(b)所示。

3.3.2.3 土工袋垫层抗液化性能影响因素

针对土工袋垫层,研究了振动加速度、土工袋层数和排列方式对地基土抗液化性能的影响,具体方案见表 3-11 及图 3-36。

试验中,模型地基土与土工袋袋内相对密度保持一致。由于土工袋四周有一定的弧形,土工袋的相对密度根据阿基米德排水法原理求得,即将包裹一层塑料膜的土工袋放入量杯中,土工袋质量与排出水的体积的比值定义为土工袋的干密度,根据最大、最小干密度求得土工袋袋内填砂相对密度为 40%。根据土工袋的相对密度采用干装法分层制备模型地基,即在模型箱内四周竖立标尺,分 10 层进行制备,每层高度为 2.5 cm,装砂质量为 8.5 kg。每组试验装砂完毕后均从表层缓慢注水,吸去试样顶部多余的水至砂样面与水面齐平,用塑料膜包裹模型箱 24 h,使模型地基充分排气饱和,然后开展振动台试验。

表 3-11 影响因素工况

工况	影响因素	振动加速度	土工袋层数	土工袋排列方式
1	振动加速度	$0.2g$ 和 $0.3g$	1 层	直列式
2	土工袋层数	$0.2g$	1 层、2 层和 3 层	直列式
3	排列方式	$0.2g$	3 层	直列式和交错式

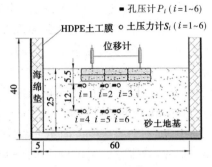

(a)2层土工袋

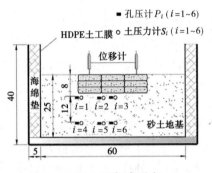

(b)3层土工袋(直列式)

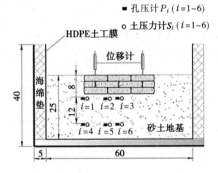

(c)3层土工袋(交错式)

图3-36　抗液化性能影响因素试验方案　（单位:cm）

　　每组试验均采用正弦波,振动加速度为 0.2g(研究振动加速度影响时增加一组 0.3g),振动频率为 5 Hz,振幅峰值为 ±3.97 mm,振动持续时间为 3 min。振动结束后,继续采集数据 2 min,试验总时间为 5 min。

3.3.3　试验结果与分析

3.3.3.1　袋内土体的抗液化性能

　　定义试验量测得到的超静孔隙水压力与初始竖向有效应力的比值为超静孔压比。图 3-37 为振动过程中袋内土体与同深度处地基土的超静孔压比的时程变化。可见,对不同埋深处的土工袋[见图 3-37(a)],袋内土体的超静孔压比均小于同深度处的土体,且土工袋在地基中埋深越大,与同深度处地基土的超静孔压比差异越大。主要是因为:在振动过程中,土工袋在地基表层时,相对于同深度处的地基土,袋内土体由于袋体的约束作用不易流动,袋内土体的有效应力不易降低;土工袋埋设在一定的深度处,相对于同深度处的地基土,由于受到上部土体的自重作用,袋子发生伸长变形,产生的张力使得袋内土体的约束作用增强,提高了土工袋袋内土体的抗液化性能。

3.3.3.2　土工袋垫层的抗液化性能

1. 超静孔压比的变化

　　图 3-38 比较了土工袋垫层与不透水刚性垫层在振动过程中(0.2g)超静孔压比的变化。从图 3-38 中可以看出:①试验过程中,模型地基内不同测点的超静孔压比先期增大较快,达到峰值后迅速消散,最后趋于稳定。②在同一深度处,两种垫层超静孔压比的变化从垫层边缘向中部逐渐减小。随深度增加,超静孔压比的量值减小。这主要是因为:在同一深度处,垫层边缘相对于垫层中部,与周围土体距离较近,超静孔隙水在边缘处积累较多;地基深处的超静孔隙水在振动过程中只能向上渗流,使得浅层土中的超静孔压比增大。③在模型地基内相同位置的测点,土工袋垫层的超静孔压比均比不透水刚性垫层的小。对于不透水刚性垫层,地基浅处的超静孔压比峰值接近或超过 1.0,浅处地基局部产生了完全液化。这主要是因为:土工袋垫层的袋

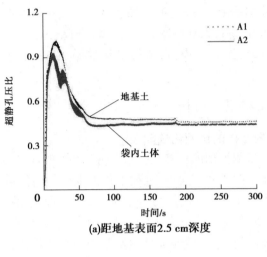

(a)距地基表面2.5 cm深度

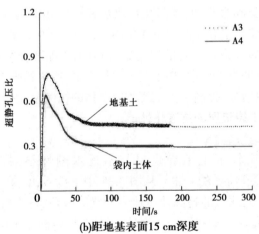

(b)距地基表面15 cm深度

图 3-37　袋内土体与同深度处土体超静孔压比时程曲线

间存在排水通道,有助于孔隙水的排出,深处的孔隙水向上排出后,一部分沿着土工袋排水界面流向袋间的空隙和垫层的边缘,另一部分可能直接通过透水的土工袋向上排出;而不透水刚性垫层相当于一个封闭的几何体,垫层下部模型地基内的孔隙水只能沿不透水刚性垫层底面向垫层边缘排出。

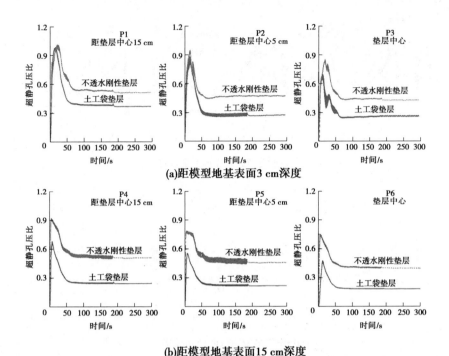

(a)距模型地基表面3 cm深度

(b)距模型地基表面15 cm深度

图 3-38　土工袋垫层和不透水刚性垫层下部土体超静孔压比时程曲线

图 3-39 比较了土工袋垫层与内壁附有一层塑料膜的不透水土工袋垫层在振动过程中($0.2g$)超静孔压比的变化。可见,两种土工袋垫层超静孔压比变化趋势相同,但是不透水土工袋垫层超静孔压比的量值均比土工袋垫层的大,说明土工袋本身的透水性对抗液化效果是有影响的。

根据图 3-38 和图 3-39 中超静孔压比的变化,土工袋垫层在地基土中良好的抗液化性能主要是由于其具有较好的排水性能,地基中的孔隙水通过袋间的空隙及沿着排水界面排出,如图 3-40 所示。

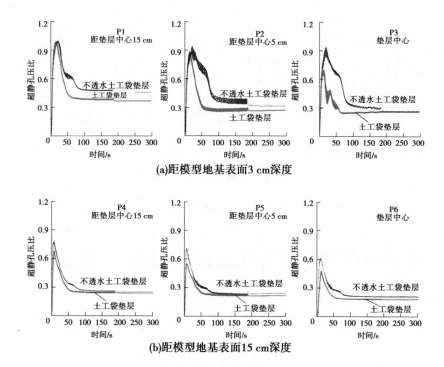

(a)距模型地基表面3 cm深度

(b)距模型地基表面15 cm深度

图 3-39 土工袋垫层和不透水土工袋垫层
(内壁附有一层塑料膜)下部土体超静孔压比时程曲线

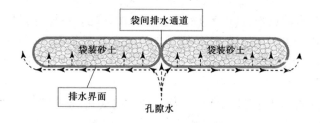

图 3-40 土工袋垫层抗液化性能示意图

2. 侧向动土压力的变化

研究地震液化问题时,除采用超静孔压比作为评价指标外,也可以通过地基土中侧向动土压力的变化来反映。试验过程中,在每只孔压计旁均布置了一只土压力计,以量测振动过程中模型地基内侧向动土压力。在本试验中,土压力计垂直于振动方向竖向埋设在地基内相应测点处。

模型地基内某一深度处,振动前土体侧向总应力 P 为

$$P = P_w + \gamma' h(1 - \sin\varphi) \tag{3-5}$$

式中:P_w 为水压力;γ' 为土体的有效容重;h 为深度;φ 为有效内摩擦角,发生完全液化后,有效内摩擦角变为 0,总应力变化极值为

$$\Delta P = \gamma' h \sin\varphi \tag{3-6}$$

假设振动过程中土压力计测值与振动前初始值的差值为 ΔF,即侧向动土压力,定义 ΔF 与 ΔP 的比值为 F_p,其变化范围在 0~1。F_p 值越大,地基土产生液化的可能性越大。

图 3-41 比较了三种垫层下部土体中不同测点处 F_p 值在振动过程中的变化。可见,振动初期,三种垫层的 F_p 峰值均有接近或大于 1 的现象,说明模型地基内发生了瞬时的液化现象。但是稳定以后,F_p 值均小于 1,而且土工袋垫层 F_p 值均小于不透水刚性垫层和不透水土工袋垫层,进一步验证了土工袋垫层在地基土中具有更好的抗液化性能。

3. 垫层表面沉降

表面沉降变形通常也是地基抗液化性能的一个评价指标。图 3-42 为振动过程中土工袋垫层和不透水刚性垫层表面 4 个测点的沉降变化。可见,两种垫层表面测点的沉降量均在短时间内迅速上升,达到峰值后趋于稳定,与超静孔压比的增长与消散规律基本一致,但是峰值对应的时间稍有滞后。振动结束后,土工袋垫层表面 4 个测点的沉降变化范围为 16.4~18.9 mm,基本保持水平,如图 3-43(a)所示;而不透水刚性垫层沉降变化范围为 12.2~28.1 mm,产生较大的不均匀沉降,并基本沉没模型地基内,如图 3-43(b)所示。说明在振动过程中土工袋垫层具有较好的变形协调性。

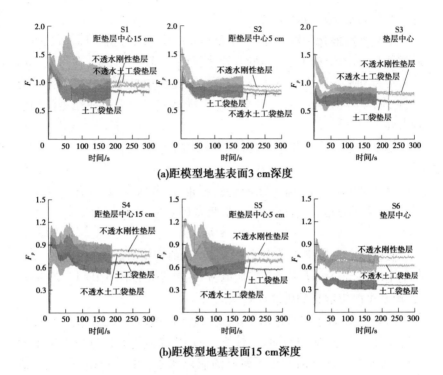

图 3-41　三种垫层下部土体中不同测点处 F_p 值时程曲线

3.3.3.3　振动加速度的影响

以上试验结果对应的是一层土工袋垫层在加速度为 $0.2g$ 时的工况,为分析振动加速度对土工袋抗液化性能的影响,增加了一组加速度为 $0.3g$ 的试验,其试验结果与 $0.2g$ 的对比如图 3-44 所示。显然,振动加速度增加,模型地基内的超孔压比峰值、稳定后 F_p 值和表面沉降量也随之增大。

3.3.3.4　土工袋层数和排列方式的影响

为分析土工袋层数对抗液化性能的影响,在振动加速度为 $0.2g$ 时,增加了 2 层、3 层土工袋的试验工况,上下层土工袋为直列式排列,试验结果如图 3-45 所示。可见,对于相同排列方式的土工袋垫层,随

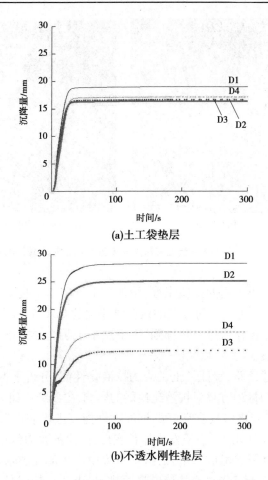

(a)土工袋垫层

(b)不透水刚性垫层

图 3-42　土工袋垫层和不透水刚性垫层表面沉降

着土工袋层数的增加,反映抗液化性能的模型地基内超孔压比峰值、稳定后 F_p 值和表面沉降三个指标均减小,也就是说抑制超静孔隙水压力增长的能力和变形协调性增强。这是因为土工袋层数的增加,土工袋垫层内部排水通道增多,层间的摩擦作用增大了土工袋垫层整体的抗剪强度。

(a)土工袋垫层　　　　　　　　　(b)不透水刚性垫层

图 3-43　振动结束土工袋垫层与不透水刚性垫层表面状况

针对 3 层土工袋的试验工况,增加了上下层土工袋交错式排列方式的试验,与直列式排列方式的试验结果对比如图 3-46 所示。可见,由于层间的摩擦作用进一步加强,上下层土工袋交错式排列的抗液化性能更为明显。

通过上述试验,验证了土工袋的抗液化性能,分析了振动加速度、土工袋层数和排列方式对抗液化性能的影响,主要结论如下:

(1)土工袋垫层具有良好的抗液化性能。土工袋设置在地基中,在上部荷载的作用下,袋子发生伸长变形,产生的张力约束袋内土体,使得袋内土体的接触应力增强;振动过程中产生的孔隙水通过袋间的空隙以及沿着土工袋与地基接触界面排出,土工袋垫层具有较好的排水性能;同时土工袋垫层作为一种柔性加筋土结构,振动过程中表面的不均匀沉降较小,表面基本保持水平,具有较好的变形协调性。

(2)土工袋垫层抗液化性能不仅受振动加速度的影响,而且与土工袋层数和排列方式有关。土工袋层数的增加,土工袋垫层内部排水通道增多,层间的摩擦作用增大了土工袋垫层整体的抗剪强度;上下层土工袋采用交错式排列方式,层间的摩擦作用进一步加强,土工袋垫层抗液化性能更为显著。

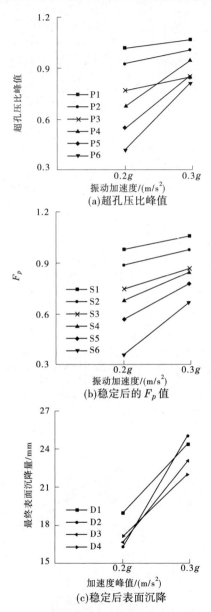

(a)超孔压比峰值

(b)稳定后的 F_p 值

(c)稳定后表面沉降

图 3-44　振动加速度对抗液化性能的影响

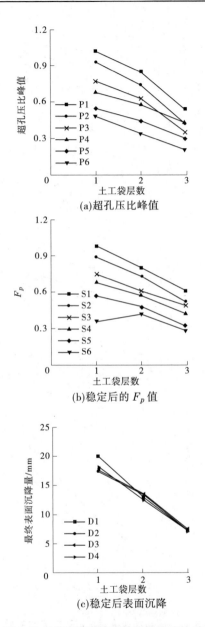

(a)超孔压比峰值

(b)稳定后的 F_p 值

(c)稳定后表面沉降

图 3-45 土工袋层数对抗液化性能的影响

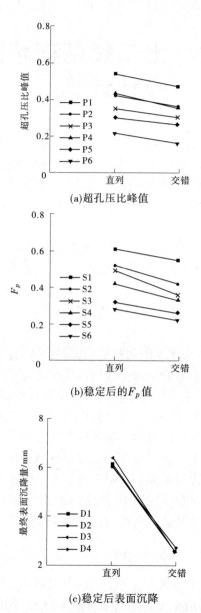

(a)超孔压比峰值

(b)稳定后的F_p值

(c)稳定后表面沉降

图 3-46　土工袋排列方式对抗液化性能的影响

第 4 章　土工袋基础减隔震设计计算

通过前文大量的试验研究和理论分析,了解了土工袋作为基础减隔震材料的动力特性及其减隔震机制,而将其应用到实际工程中,则需要解决土工袋的耐久性及设计规范化问题。本章给出了减隔震专用土工袋的设计要求,并对实际工程应用中土工袋减隔震垫层结构的设计方法进行了初步介绍。此外,本章提出了一种基于单个土工袋动力特性预测土工袋组合体基础减隔震效果的高效计算方法,旨在为土工袋减隔震垫层的优化设计提供技术支撑。

4.1　减隔震土工袋

将土工袋应用于房屋减隔震基础中,需要考虑土工袋的承载能力及变形特性,根据第 2 章的试验结果可以发现土工袋组合体具有较高的抗压强度,能够满足其作为中低层砌体房屋结构基础的承载要求。而作为一种柔性材料,土工袋在外荷载作用下的变形程度主要受袋体材料和袋内土体力学性质的影响,袋体断裂伸长率过大或袋内土体的压缩模量过小时,可能导致土工袋垫层在动荷载作用下产生过大的变形。因此,将其作为基础减隔震垫层应用于房屋基础、道路基础等永久工程时,需要对土工袋的单元体设计提出相应的指标,主要包括土工袋体形设计、袋体材料物理力学特性、袋内材料物理力学特性三方面。

4.1.1　减隔震土工袋体形设计

目前,常用的土工袋通常是将袋内材料装填后使用缝包机对其进行封口,整平碾压后的土工袋侧面呈圆弧状,为设计计算方便,将侧面的圆弧状简化为方形(见图 4-1)。

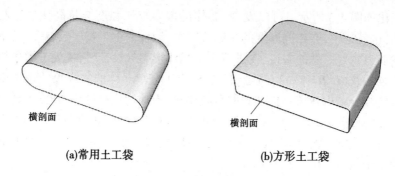

(a)常用土工袋　　　　　　　　(b)方形土工袋

图 4-1　土工袋形态示意图

基于第 2 章给出的三维应力状态下土工袋极限抗压强度计算公式 [式(2-3)],能够计算得到不同尺寸条件下土工袋的理论强度值。由式(2-3)可知,土工袋的极限强度受到袋体抗拉强度、袋内材料力学参数以及袋体尺寸的影响,且土工袋单元体的体积越小,其极限抗压强度越大。此处以袋内装填某天然河砂为例,通过控制土工袋单元体的体积并调整土工袋单元体的长宽比及长高比计算不同尺寸条件下土工袋的极限抗压强度理论值,其中相关物理量取值见表 4-1。

表 4-1　相关计算参数

物理量	取值
土工袋体积/m^3	0.016
袋体断裂(拉伸)强度/(kN/m)	20
袋内土体内摩擦角 φ/(°)	38
袋内土体黏聚力 c/kPa	0

土工袋单元体的极限抗压强度随其长宽比的变化如图 4-2 所示。可以发现,土工袋极限抗压强度随着长宽比的增大缓慢减小,土工袋的长宽尺寸越接近,袋体的极限抗压强度越大,即袋体的承载能力越好。考虑到实际工程中环境振动尤其是水平地震惯性力的方向存在随机性,需要尽可能地减小减隔震垫层的各向异性,因此采用长宽比 $L/B = 1$ 进行土工袋单元体的体形设计,更适合于其在基础减隔震方面的应用。对长宽比 $L/B = 1$ 的土工袋单元体,其极限抗压强度随长高比 L/H 的

变化如图 4-3 所示。可以发现,袋体的极限抗压强度与长高比呈正相关,也就是说,在相同厚度的基础垫层中,铺设的土工袋层数越多,其承载能力越好。总的来说,在进行土工袋体形参数设计时,优先考虑采用长宽一致($L/B=1$)的方形土工袋,而土工袋单元体的实际尺寸选取则需要综合考虑建筑结构基础的承载要求、当地的抗震设防烈度、场地条件、地基基础情况、施工条件等因素,进行技术、经济和使用条件等综合分析。通常情况下,考虑人工搬运方便,建议采用 40 cm×40 cm×10 cm 的土工袋($L/B=1$、$L/H=4$)。

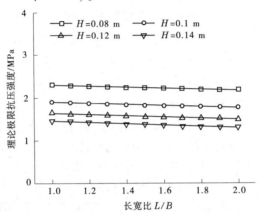

图 4-2　土工袋理论极限抗压强度随长宽比 L/B 的变化

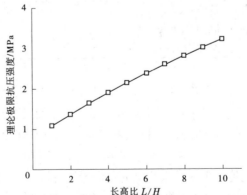

图 4-3　土工袋理论极限抗压强度随长高比 L/H 的变化

4.1.2 袋体材料物理力学特性

土工编织袋的原材料多选用聚丙烯(PP)高分子聚合物,将土工编织袋应用于永久工程中,需要关心的物理力学特性主要包括土工编织丝的断裂强度、断裂伸长率及土工编织袋的耐久性等方面。

4.1.2.1 断裂(拉伸)强度及伸长率

作为基础减隔震材料,要求土工袋垫层具有一定的抗压强度和模量,前期的室内试验及理论研究发现土工编织丝的断裂强度直接影响了土工袋的承载能力,选用的土工编织丝断裂强度过小,可能导致土工袋在过小的竖向应力作用下发生破裂,从而影响结构的整体稳定性;而土工编织丝的断裂伸长率则是影响土工袋变形量的主要因素之一,断裂伸长率越小,土工袋在破坏或是变形稳定前产生的累积变形量就越小,相应地土工袋单元体的模量越大,更有利于保持结构稳定性。

4.1.2.2 耐久性

将土工袋应用于永久工程中,耐久性,即使用寿命是首先需要关心的问题。土工编织袋是土工合成材料的一种,土工合成材料的老化即聚合物在光、热和氧的作用下发生了自动氧化反应,从而导致聚合物的降解。表 4-2 概括了土工合成材料老化的各种原因、老化作用结果及其影响因素。也就是说,要防止土工合成材料的老化,就是要设法阻止自动氧化反应或转移自由基成惰性物质,尽量避免链终止时造成的组合物分子断链、降解。因此,防止土工合成材料老化、提高其耐久性主要从以下两方面进行:①原材料方面。添加适量的抗氧化剂和光稳定剂,抑制自动氧化或光氧化的进行,从而延长其寿命。②工程方面。做好保护(埋入土中、表面保护),防止紫外线直接照射。

表 4-3 为某土工编织袋人工气候加速老化室内试验结果。土工编织袋原料为聚丙烯(PP),掺有 1%防老化剂(UV)。由表 4-3 试验结果可知,经过 1 200 h 氙弧灯人工气候加速老化试验后,该土工编织袋的断裂(拉伸)强度保持率为 94%,断裂伸长率保持率为 84%。此老化性能指标高于《土工合成材料 塑料扁丝编织土工布》(GB/T 17690—1999)标准的要求(老化时间不小于 288 h 条件下,断裂强度、断裂伸长

率保持率为 70% 左右)。可以说,选用的土工编织袋具有良好的耐久性能。据推测,此编织袋埋在土中,在无紫外线辐射的情况下,其使用寿命能够达到 50~100 年,能够满足永久工程的使用要求。

表 4-2　土工合成材料老化的原因及其作用结果

原因	来源	作用结果	影响变量
应力、压力	施工/使用	断裂、徐变、蠕变	应力大小、填土粒径
溶液/碳氢化合物	施工中:矿物质土	添加剂流失、膨胀、变脆	温度、液体浓度
生物	施工/使用:鸟、动物、昆虫	局部破坏	土的类型和密度
热(+氧)	施工中:环境温度	分子链断裂、氧化、抗拉强度降低	温度、氧的浓度
光(+氧)	施工中:UV 直射	分子链断裂、氧化、抗拉强度降低	辐射强度、温度、湿度
水(pH 值)	使用时:酸性、中性、碱性土壤	分子链断裂、抗拉强度降低	温度、pH 值
一般化学物	使用时:土壤和垃圾土	氧化、水解聚合物结构的损坏	温度、浓度
微生物	使用时:土壤中细菌等	聚合物分子链断裂、抗拉强度降低	温度、土壤 pH 值、微生物类型

通常来说,将土工袋作为减隔震垫层应用于中低层房屋基础,对承载力及变形稳定性要求相对较高,建议土工编织袋的性能指标为:单位面积质量 $\geqslant 150$ g/m^2,经、纬向断裂(拉伸)强度 $\geqslant 28$ kN/m,经、纬向断裂伸长率 $\leqslant 20\%$,老化时间不小于 288 h 条件下断裂强度、伸长率保持率 $\geqslant 80\%$。

表 4-3　土工编织袋老化试验结果

氙弧灯照射时间/h	检测项目	检测结果
0	断裂(拉伸)强度/(kN/m)	21.1
	伸长率/%	20.65
300	断裂(拉伸)强度保持率/%	106
	伸长率保持率/%	99
600	断裂(拉伸)强度保持率/%	96
	伸长率保持率/%	91
900	断裂(拉伸)强度保持率/%	94
	伸长率保持率/%	82
1 200	断裂(拉伸)强度保持率/%	94
	伸长率保持率/%	84

4.1.3　袋内材料物理力学特性

将土工袋作为减隔震垫层应用于房屋基础,要求其具有较好的阻尼消能特性。2.2.1 节已通过水平循环剪切试验对不同袋内材料的土工袋单元体的阻尼消能特性进行了评估,试验结果表明袋内材料为无黏性土的土工袋单元体等效阻尼比相对较高,在水平循环荷载作用下袋内土体间能够产生较大的摩擦耗能,将其作为减隔震垫层进行使用能够有效减小上部结构的动力响应。同时,考虑到土工袋作为一种柔性材料,逐层叠放并碾压后层间界面会产生咬合和嵌固作用,并且随着袋内材料粒径的增加,土工袋产生的层间嵌固作用更加显著,从而使得土工袋组合体的层间摩擦系数逐渐增大,整体的剪切模量也随之增大,其阻尼耗能特性也受到了影响。将土工袋作为减隔震垫层应用于房屋刚性基础下部土层时,为确保在罕遇地震下能够通过层间滑移产生摩擦耗能,要求土工袋垫层的层间摩擦系数不超过 0.4(相关规范规定,抗震设防烈度为 9 度时对应的设计基本地震加速度为 0.4g,土工袋垫层的层间摩擦系数小于 0.4 时,能够保证在强震作用下土工袋垫层受到的地震惯性力大于其层间滑动摩擦力,从而使土工袋垫层发生层间滑移)。因此,在需要考虑结构抗震设计的情况下,应优先选取粒径较小的无黏性土作为袋内装填材料,建议袋内材料最大粒径≤10 mm。

基于上述三方面的土工袋单元体设计要求,表 4-4 给出了土工袋应用于房屋基础单元体设计参数建议值。

表 4-4　土工袋单元体设计参数

设计参数类型	设计参数	建议取值
体形设计	长宽比 L/B	1
	长高比 L/H	4
土工编织袋物理力学指标	编织袋单位面积质量/(g/m^2)	≥150
	经、纬向断裂(拉伸)强度/(kN/m)	≥28
	经、纬向断裂伸长率/%	≤20
	老化后伸长率保持率/%	≥80
袋内材料物理力学指标	袋内材料	无黏性土
	袋内材料最大粒径/mm	≤10

4.2　土工袋减隔震垫层结构设计

基于前期对于土工袋减隔震机制及效果的相关研究,本书课题组提出了一种将土工袋作为基础减隔震垫层的结构设计方法,并已授权相关专利。此外,考虑到土工袋通过层间滑移产生摩擦耗能及袋间空隙阻隔地震波传递的减隔震机制,本书课题组在已有设计方法的基础上,进一步提出了一种具有限位功能的土工袋减隔震垫层及其施工方法,在保证土工袋垫层减隔震效果的同时,能够减小层间及上部结构的最大滑移量。此外,针对村镇地区中低层砌体房屋的常见基础形式,提出了适用于不同基础形式的三类土工袋减隔震垫层结构。

4.2.1　排列形式

4.2.1.1　用于条形基础的土工袋减隔震垫层结构

图 4-4 为用于条形基础下的土工袋减隔震垫层构造示意图。土工

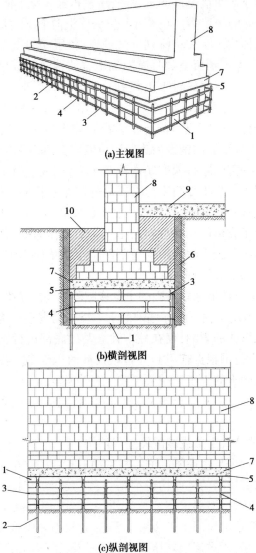

(a)主视图

(b)横剖视图

(c)纵剖视图

1—土工袋单元体;2—纵筋;3—箍筋;4—扎丝;5—隔离层;
6—缓冲层;7—基础垫层;8—条形基础圈梁;9—地坪;10—回填土。

图 4-4　用于条形基础下的土工袋减隔震垫层构造示意图

袋垫层布置于承重墙基础圈梁底部,通常布置3层单体尺寸为40 cm×
40 cm×10 cm 的土工袋。在设计基坑深度上向下继续开挖0.3 m,3层
土工袋单元体按十字交错排列方式铺设,各层相邻土工袋单元体间预
留一定间距,保证预留空隙具有阻隔地震波传递的效果。各层铺设完
成后采用小型碾压机械对土工袋单元体进行碾压整平,以保证土工袋
垫层的整体平整度,碾压后的土工袋单元体高度控制在设计高度±0.5
cm 的范围内,碾压完成后的土工袋组合体形成条形基础下的加固垫
层;完成土工袋垫层的铺设后进行限位装置安装,根据设计要求将纵筋
部分长度按一定间距打入夯实的地基土中,完成后沿土工袋垫层高度
方向于各层土工袋1/2 高度处在纵筋外侧布置箍筋,纵筋与箍筋交叉
处均采用扎丝进行绑扎;完成限位装置的安装后,在土工袋垫层上部铺
设一层与土工袋垫层相同材料的土工编织布作为隔离层,用于防止上
部基础浇筑时混凝土泥浆渗漏至下部土工袋垫层空隙中,对土工袋垫
层的隔震效果造成影响。

4.2.1.2　用于柱下独立基础的土工袋减隔震垫层结构

图4-5 为用于柱下独立基础的土工袋减隔震垫层构造示意图。受
到结构基础形式的影响,仅在柱下独立基础底部进行土工袋垫层的铺
设,实际铺设范围根据柱下独立基础设计面积确定。各层铺设方式与
用于条形基础下的土工袋减隔震垫层基本相同,各柱下基础土工袋视
为一个组合体,在碾压整平后进行限位装置的安装及上部隔离层的
铺设。

4.2.1.3　桩筏式土工袋减隔震垫层结构

桩筏结构也是房屋基础的一种常用形式。图4-6 为建议的桩筏形
土工袋减隔震垫层的剖面构造示意图。在建筑承重柱下开挖一定深度
的基坑,按纵横交错形式布置5~6 层土工袋,逐层碾压后形成土工袋
墩形基础;待基坑使用土工袋填平后,在建筑整体的基础面上交错布置
2~3 层土工袋,同样逐层碾压后形成土工袋筏形基础;完成土工袋减隔
震基础的铺设、碾压后,在其顶面浇筑承重柱及地坪。土工袋墩形基础
的宽度根据房屋承重柱对基础产生的附加荷载形成的扩散角确定,根
据《建筑基坑支护技术规程》(JGJ 120—2012)规定,附加荷载的扩散角

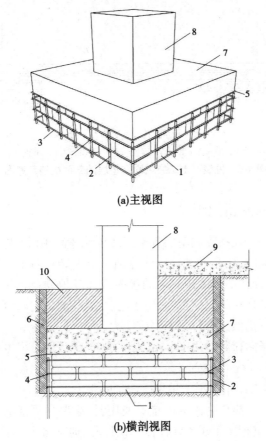

(a)主视图

(b)横剖视图

1—土工袋单元体;2—纵筋;3—箍筋;4—扎丝;5—隔离层;
6—缓冲层;7—独立基础;8—承重柱;9—地坪;10—回填土。

图 4-5　用于柱下独立基础的土工袋减隔震垫层构造示意图

α 宜取 45°。在基坑处土工袋墩形基础外侧布置钢筋限位框,以确保土工袋减隔震基础在强震作用下不发生过大的层间滑移量;对于筏形基础,钢筋限位框的作用范围不宜过大,建议其设计长度不超过 5 m,对于设计平面尺寸较大的基础结构,其筏形基础建议采用多个钢筋限位框分别对其约束区域内的土工袋垫层进行约束。

1—土工袋单元体;2—纵筋;3—箍筋;

4—扎丝;5—缓冲层;6—隔离层;7—筏形基础;8—承重柱。

图 4-6　桩筏形土工袋减隔震垫层的剖面构造示意图

4.2.2　袋间预留间距设计

施工过程中在减隔震垫层各土工袋单元体间预留空隙能够实现阻隔地震波传递的目的,通过设计计算确定土工袋在施工过程中的预留间距,能够保证在上部结构产生的静荷载及其他动荷载作用下产生侧向变形后土工袋袋间仍保留一定的空隙,使得土工袋减隔震垫层在最大荷载作用下仍然具有较好的隔震能力。

在某一竖向荷载作用下,土工袋的侧向变形量可根据以下步骤进行计算。

(1)竖向力作用下土工袋袋体产生的张力。

考虑到土工袋作为减隔震垫层使用时,需要尽可能减小其整体的各向异性,在进行土工袋单元体体形设计时,通常将土工袋的长宽设计为相同尺寸,即 $L=B$;同时根据室内循环剪切试验结果发现,袋内装填无黏性土的土工袋阻尼消能效果相对更好,因此袋内装填材料一般建议采用砂或是粒径较小的砾石等,相应地袋内材料黏聚力 $c=0$。根据式(2-3)给出的三维应力状态下的土工袋强度理论计算公式,简化后能够得到某一上部荷载作用下土工袋产生的张力 T:

$$T = \frac{1}{2}\left(\sigma_{1f} - 2c\sqrt{K_p}\right) \bigg/ \left[\left(\frac{1}{H} + \frac{1}{L}\right)K_p - \frac{2}{L}\right] \tag{4-1}$$

(2)竖向变形量。

通常情况下,土工袋的竖向变形随竖向荷载的增长会呈现出先增长后稳定的趋势。在施工铺设阶段,需要使用小型碾压设备对每层土工袋进行碾压整平,已经基本消除了土工袋压缩变形较大的阶段,在上部结构荷载作用下,土工袋产生的竖向变形可以近似按线弹性计算,即

$$\sigma_z = E_s \cdot \varepsilon_z \tag{4-2}$$

由第 2 章的室内极限抗压强度试验结果可知,土工袋组合体在竖向应力–应变变化较为稳定的阶段压缩模量在 5~10 MPa,是袋内选用的砂性土弹性模量的 0.1~0.3 倍,能够根据袋内土体的试验测定弹性模量对土工袋的压缩模量进行预测,由此预测出不同上部荷载作用下土工袋的最大竖向变形量。

(3)袋体伸长量。

通过对土工编织袋开展室内拉伸试验,能够得到土工编织袋单位宽度经、纬向张力及拉伸模量随伸长率的变化关系,如图 4-7 所示(以本书室内试验采用的某一土工编织袋经向试验结果为例)。由图 4-7 可见,编织袋的拉伸模量与伸长率基本呈线性相关,则张力与土工编织袋的伸长率之间能够通过多项式构建关系式:

$$T = f(\eta) = S_0\eta - \frac{1}{2}k_1\eta^2 \tag{4-3}$$

式中:S_0 为土工编织袋的初始拉伸模量,kN/m;k_1 为土工编织袋在受拉过程中的模量衰减系数,kN/m;η 为土工编织袋的实时伸长率。

那么伸长率能够通过张力构建相关表达式,表示为

$$\eta = f^{-1}(T) = \frac{S_0 - \sqrt{S_0^2 - 2k_1T}}{k_1} \tag{4-4}$$

袋体沿长度及高度方向的初始周长为 $(2L+2H)$,联立式(4-1)、式(4-4)能够求得土工袋在某一竖向荷载作用下产生的袋体伸长量 ξ:

$$\xi = (2L + 2H) \cdot \eta \tag{4-5}$$

$$\eta = f^{-1}\left(\frac{1}{2}(\sigma_1 - 2c\sqrt{K_p}) \Big/ \left[\left(\frac{1}{H} + \frac{1}{L}\right)K_p - \frac{2}{L}\right]\right) \tag{4-6}$$

相应地,土工袋沿长度及高度方向的实时周长为 $(2L+2H+\xi)$。

(4)侧向变形量。

通过土工袋压缩模量能够预测土工袋在某一竖向荷载作用下产生

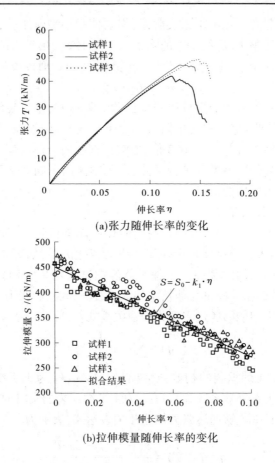

(a)张力随伸长率的变化

$S = S_0 - k_1 \cdot \eta$

(b)拉伸模量随伸长率的变化

图 4-7　土工编织袋经向拉伸试验结果

的竖向变形量,由此可以得到土工袋变形后的实时高度 H',即

$$H' = H - H \cdot \varepsilon_z = H(1 - \varepsilon_z) \tag{4-7}$$

土工袋在受压后的长度 L' 则可以表示为

$$L' = [2L + 2H + \xi - 2H(1 - \varepsilon_z)]/2 = L + H\varepsilon_z + \frac{1}{2}\xi \tag{4-8}$$

侧向变形量 ΔL 则可以表示为

$$\Delta L = L - L' = H\varepsilon_z + \frac{1}{2}\xi \qquad (4\text{-}9)$$

土工袋受到外部竖向应力作用后产生的侧向变形量会减小实际的袋间预留间距 d，竖向荷载作用下的土工袋实时袋间预留间距 d' 减小至

$$d' = d - \Delta L = d - H\varepsilon_z - \frac{1}{2}\xi \qquad (4\text{-}10)$$

为了保证土工袋减隔震垫层在地震荷载作用下仍能够保留部分袋间空隙以发挥其阻隔地震波传递的作用，要求：

$$d > H\varepsilon_z + \frac{1}{2}\xi \qquad (4\text{-}11)$$

同时考虑到土工袋铺设过程中需要使用小型振动碾对各层表面进行碾压整平，会导致土工袋产生附加的侧向变形量，因此设计时建议将施工间距适当扩大。根据第 2 章土工袋组合体无侧限单轴压缩试验结果可以发现在加载初期土工袋压缩模量逐渐增大，随后压缩模量进入相对稳定阶段，两个阶段的转折点基本集中在竖向应变达到 5% ~ 10% 区间内，而实际工程中小型振动碾在碾压过程中对土工袋产生的上部应力基本处于土工袋压缩模量增长阶段，此阶段产生的竖向变形可以近似为土工袋单元体设计高度的 5% ~ 10%，因此建议设计的施工间距在保留上部结构施工完成后产生的侧向膨胀量的基础上，同时考虑土工袋铺设碾压阶段产生的侧向膨胀量，即

$$d > H\varepsilon_z + \frac{1}{2}\xi + 0.1H \qquad (4\text{-}12)$$

4.2.3　限位措施

4.2.3.1　钢筋限位框介绍

为了充分发挥土工袋垫层的减隔震作用，需要通过选择适当的袋体及袋内材料来控制土工袋垫层的层间摩擦系数，从而使得土工袋垫层在水平地震惯性力较大时能够发生层间滑移并产生摩擦耗能。然而，过大的不可恢复滑移量会对上部结构的稳定性造成影响，因此本书

课题组提出了一种由纵筋和箍筋绑扎形成的限位装置(见图 4-4 和图 4-5)。2.2.2 节对钢筋限位框的限位能力进行了相关测试,试验结果表明此钢筋限位框能够有效限制土工袋组合体在受到水平剪切力作用下产生的最大层间滑移量。

此限位装置在实际工程中的安装步骤主要如下:

(1)条形基础以构造柱所在位置为基准,将相邻构造柱间的土工袋划分为同一个组合体,独立式基础则将同一个独立基础下的土工袋划分为一个组合体,桩筏基础的筏形基础部分同样以承重柱为基准进行划分,且单个限位框长度建议不超过 5 m;在各土工袋组合体外缘布置一定数量的纵筋,纵筋与土工袋垫层间预留间距,并将纵筋部分长度埋设入夯实的地基土中,保留部分长度以限制各层土工袋的滑移量。

(2)沿土工袋组合体高度方向于各层 1/2 高度处在纵筋外侧布置箍筋。

(3)纵筋与箍筋交叉处采用扎丝进行绑扎。

4.2.3.2　钢筋限位框强度计算

为了保证限位框在水平地震惯性力作用下能够具有较好的限位功能,要求限位框在与土工袋垫层接触时不产生过大的变形(通过提高限位框各层箍筋的抗拉强度,纵筋的抗剪、抗弯强度以及钢筋的设计截面积实现)。考虑到纵筋埋设深度较小,且纵筋的抗弯刚度远超过浅层地基刚度,即纵筋的相对刚度较大,纵筋沿深度方向的变形可以视为其在水平力作用下围绕纵轴某点发生转动,其产生的水平承载力主要由纵筋埋入段的侧向土压力控制。因此,对水平荷载作用下的钢筋限位框进行变形计算可以参考水平荷载作用下(箍筋产生的约束力以及袋体与纵筋接触时产生的水平地震惯性力)的单桩变形计算方法,通过对土的极限静力平衡求解纵筋的水平承载力。

由于地基土层通常为人工压实的黏土层,且限位框的埋设深度相对较小,假定埋设深度范围内的土层水平地基反力系数为常数,则限位框纵筋的整体受力情况如图 4-8 所示(以三层土工袋为例)。纵筋地基土层段受到的侧向抗力可以简化为沿深度方向的常数(转动点上下的水平地基反力方向相反),假定转动点距离纵筋底部的距离为 x,水平方向平衡方程为

$$Q_h - 3P - \sigma_p D_1(l - x) + \sigma_p D_1 x = 0$$

$$Q_h\left(\frac{5}{6}l_0 + l\right) + \frac{1}{2}\sigma_p D_1 x^2 - \frac{1}{2}\sigma_p D_1(l^2 - x^2) - P\left(\frac{3}{2}l_0 + 3l\right) = 0$$

(4-13)

$$Q_h = \alpha G$$

$$\sigma_p = K\delta$$

式中:Q_h 为作用于纵筋上的水平力,kN,即地震工况下结构基底剪力设计值;α 为地震工况下结构基本自振周期的水平地震影响系数值,按表 4-5 确定,多层砌体房屋、底部框架砌体房屋宜取水平地震影响系数最大值;G 为结构等效总重力荷载,kN;P 为限位框与土工袋接触并发生变形后箍筋产生的侧向约束力,kN;σ_p 为纵筋在地基土层受到的侧向压应力,kPa;K 为地基土层的水平反力系数,kN/m³;δ 为纵筋在地基表面处产生的变形量,m,变形量参考水平荷载作用下桩基础在地面处的允许水平位移,要求 $\delta \le 0.01$ m;l_0 为纵筋在地基土层以上的长度,m;l 为纵筋在地基土层中的埋设深度,m;D_1 为纵筋直径,m。

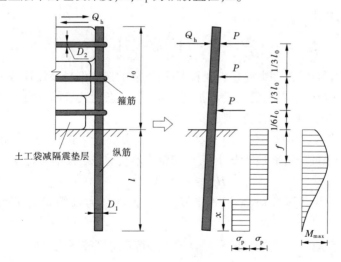

图 4-8 限位框纵筋受力分析(以三层土工袋为例)

表 4-5　水平地震影响系数最大值

地震影响	6 度	7 度	8 度	9 度
多遇地震	0.04	0.08(0.12)	0.16(0.24)	0.32
罕遇地震	0.28	0.50(0.72)	0.90(1.20)	1.40

假定地基土层中产生最大弯矩的深度为 f,此深度处产生的剪力为零,即 $Q_h - 3P - \sigma_p D_1 f = 0$,由此可得 $f = (Q_h - 3P)/(\sigma_p D_1)$。由式(4-13)的平衡条件可求得箍筋产生的约束力 P 为

$$P = \frac{\sigma_p D_1}{3}\left(\frac{Q_h}{\sigma_p D_1} + l_0 + l - \sqrt{l_0^2 + 2l^2 - \frac{4Q_h l_0}{3\sigma_p D_1} + 2l_0 l}\right) \quad (4\text{-}14)$$

纵筋地基土层段的极限水平承载力 H_u 为

$$H_u = Q_h - 3P = \sigma_p D_1\left(\sqrt{l_0^2 + 2l^2 - \frac{4Q_h l_0}{3\sigma_p D_1} + 2l_0 l} - l_0 - l\right)$$

$$(4\text{-}15)$$

最大弯矩 M_{max} 为

$$M_{max} = Q_h\left(\frac{5}{6}l_0 + f\right) - P\left(\frac{3}{2}l_0 + 3f\right) - \frac{1}{2}\sigma_p D_1 f^2 \quad (4\text{-}16)$$

根据设计给出的纵筋总长度和纵筋、箍筋的选用型号及设计截面面积,能够给出限位框纵筋的设计抗弯强度、抗剪强度及箍筋的设计抗拉强度,要求限位框选用钢筋满足以下条件:

(1)在地震惯性力作用下,限位框地基土层段受到的剪切应力能够小于选用纵筋的抗剪强度设计值,限位框纵筋抗剪强度按下式验算:

$$H_u \leqslant f_{1,x} \cdot A_{1,s} \quad (4\text{-}17)$$

式中: $f_{1,x}$ 为纵筋抗剪强度设计值,N/mm^2; $A_{1,s}$ 为箍筋设计截面面积,m^2。

(2)在地震惯性力作用下,限位框水平抗弯强度按下式验算:

$$\frac{M_{max}}{\gamma W} \leqslant f \quad (4\text{-}18)$$

式中: γ 为截面塑性发展系数,圆形截面取 $\gamma = 1.2$; W 为截面对其形心

轴的净截面模量,m^3,圆形截面 $W = \pi D_1^3/32$,D_1 为纵筋直径,m; f 为纵筋的抗弯强度设计值,N/mm^2。

(3)在地震惯性力作用下,限位框与土工袋垫层接触发生变形后,箍筋受拉产生侧向约束力,其受到的最大拉应力能够小于箍筋的抗拉强度设计值。箍筋作用范围内沿长边方向的单侧纵筋数量为 n,那么箍筋产生的最大拉力 $T_h = nP/2$,限位框箍筋抗拉强度按下式验算:

$$T_h \leqslant f_{2,y} \cdot A_{2,s} \tag{4-19}$$

式中:$f_{2,y}$ 为箍筋抗拉强度设计值,N/mm^2;$A_{2,s}$ 为箍筋设计截面面积,m^2。

若限位框设计长度、选用箍筋、纵筋的型号及设计截面面积能够满足上述公式,可以认为此钢筋限位框能够满足在地震工况下对土工袋产生限位作用的要求。

4.2.3.3 限位框预留间距设计

第 2.2.2 节开展的限位框作用下土工袋组合体的循环剪切试验结果表明,钢筋限位框能够有效控制土工袋组合体产生的最大滑移量,且限位效果受钢筋限位框的强度及预留间距影响,其中预留间距直接影响了土工袋组合体在强震作用下产生的自由滑移量,并会对滑移阶段土工袋垫层的滞回耗能能力产生影响。因此,需要根据建筑所在地的抗震设防烈度来调整土工袋垫层与钢筋限位框之间的预留间距,使得土工袋在发挥较好的减隔震作用的同时,不产生过大的滑移变形导致其结构发生永久性破坏,保证土工袋减隔震垫层的使用寿命。

根据第 2.2.2 节不同预留间距条件下的限位土工袋组合体循环剪切试验结果,能够统计出不同自由滑移量情况下土工袋组合体的等效阻尼系数及钢筋限位框作用下的滑移控制率,如表 4-6 所示,其中,钢筋限位框的控制率为试验过程中产生的最大滑移量与土工袋组合体在自由滑移工况下产生的最大滑移量的比值。由表 4-6 可以看到,随着自由滑移量的增加,钢筋限位框的滑移控制率逐渐减小,而土工袋组合体的等效阻尼比则有所增大。此外,比较不同竖向应力作用下相同自由滑移量条件下的土工袋组合体在钢筋限位框约束下的滑移控制率,可以发现,随着竖向应力的增大,滑移控制率逐渐减小,这也表明钢筋限位框的变形也逐渐增大。

表 4-6　等效阻尼比及限位框控制效果随自由滑移量的变化

自由滑移量/mm	$\sigma_n = 25$ kPa		$\sigma_n = 50$ kPa		$\sigma_n = 100$ kPa	
	等效阻尼比	滑移控制率/%	等效阻尼比	滑移控制率/%	等效阻尼比	滑移控制率/%
0	0.412 46	97.368 99	0.424 32	89.674 87	0.391 89	81.173 11
25	0.451 45	78.621 23	0.446 71	58.359 41	0.420 56	25.373 46
50	0.435 06	54.122 64	0.467 87	19.956 47	0.437 95	7.491 21

总的来说,随着自由滑移量的增大,土工袋减隔震垫层的阻尼耗能特性变化较小,而钢筋限位框的变形量及滑移控制率发生明显变化。因此,实际工程应用时,在土工袋减隔震垫层的最大滑移量范围内,需要选择合适型号的纵筋及箍筋制成钢筋限位框,选择的自由滑移量(限位框预留间距)不超过不同抗震设防烈度下土工袋垫层的最大滑移量(6~9度抗震设防烈度对应设计限位框预留间距建议范围为20~50 mm),以确保土工袋垫层在自由滑移量范围内产生足够的耗能,同时在强震作用下不会产生过大的层间滑移量使得土工袋减隔震垫层以及限位框发生破坏。

4.2.4　算例

4.2.4.1　基本资料

结合4.2节给出的土工袋减隔震垫层结构设计方法,对某房屋的减隔震垫层进行设计、验算,给出用于该房屋结构的土工袋减隔震垫层设计参数。已知某房屋所在地区的抗震设防烈度为8度,场地类别为Ⅱ类场地,房屋设计等级为丙级,三层砖砌房,结构等效总重力荷载 G 为4 500 kN;房屋刚性基础类型为条形圈梁基础,条形基础梁截面最大宽度为1.2 m,基础最大平面尺寸为12 m×10.3 m,圈梁底面面积为75 m²;该房屋所在场地地基土层为人工夯实的黏性土层,其水平反力系数为65 000 kN/m³。施工过程中能够提供的建筑材料包括河砂($\varphi = 32°$,$c =$

0)、牌号 HPB235、HRB400 钢筋;减隔震垫层选用土工编织袋初始拉伸模量 S_0 为 250 kN/m,模量衰减系数 k_1 为 1 500 kN/m。

4.2.4.2　设计步骤

1. 减隔震垫层选型

已知该房屋结构基础类型为条形圈梁基础,确定采用 4.2.1.1 节用于条形基础的土工袋减隔震垫层布置形式,采用 3 层土工袋进行铺设,选用土工袋单元体尺寸分别为 0.4 m×0.4 m×0.1 m、0.4 m×0.2 m×0.1、0.2 m×0.2 m×0.1 m。

2. 袋间预留间距设计

(1)在考虑竖向地震作用情况下土工袋减隔震垫层受到的最大竖向应力 σ_z,其中竖向地震作用系数 α_v 可取水平地震作用系数最大值的 65%,查表 4-5 可知抗震设防烈度为 8 度的罕遇水平地震作用系数 α_h = 0.90,故竖向地震作用系数 α_v = 0.585。那么考虑竖向地震作用情况下土工袋减隔震垫层受到的最大竖向应力:

$$\sigma_z = 4\,500 \times (1 + 0.585)/75 = 95.1(\text{kPa})$$

(2)施工完成后土工袋减隔震垫层产生的竖向变形量 Δh:

$$\Delta h = H \cdot (\sigma_z/E_s) = 0.1 \times (95.1/5\,000) = 0.001\,9(\text{m})$$

(3)根据土工袋强度理论公式能够计算出对应竖向应力作用下土工袋袋体产生的张力 T:

$$T = \frac{1}{2}(\sigma_z - 2c\sqrt{K_p}) / \left[\left(\frac{1}{H} + \frac{1}{L}\right)K_p - \frac{2}{L}\right]$$

$$= 0.5 \times 95.1/\left[\left(\frac{1}{0.1} + \frac{1}{0.4}\right) \times 3.3 - \frac{2}{0.4}\right]$$

$$= 1.31(\text{kN/m})$$

(4)土工编织袋对应产生的伸长量 ξ 为

$$\xi = (2L + 2H) \cdot \frac{S_0 - \sqrt{S_0^2 - 2k_1 T}}{k_1}$$

$$= (2 \times 0.4 + 2 \times 0.1) \times (250 - \sqrt{250^2 - 2 \times 1\,500 \times 1.31})/1\,500$$

$$= 0.005\,3(\text{m})$$

(5)土工袋侧向变形量 ΔL：

$$\Delta L = H\varepsilon_z + \frac{1}{2}\xi = 0.0019 + \frac{1}{2} \times 0.0053 = 0.0046(\text{m})$$

(6)设计预留间距 d：

$$d \geqslant \Delta L + 0.1H = 0.0046 + 0.1 \times 0.1 = 0.0146(\text{m})$$

所以,设计预留间距确定为 $d=0.015$ m。

(7)根据条形圈梁基础最大尺寸及底面面积,结合土工袋设计尺寸及设计预留间距,计算得到沿基础长、宽方向布置的土工袋数量,沿基础长方向底层铺设 29 个 0.4 m × 0.4 m × 0.1 m 土工袋,沿基础宽方向低层铺设 25 个 0.4 m × 0.4 m × 0.1 m 土工袋,同时沿基础圈梁横截面方向布置 3 个土工袋,保证土工袋减隔震垫层宽度不小于基础圈梁截面最大宽度。

3. 限位框钢筋选型及验算

1)钢筋选型及设计参数确定

钢筋限位框纵筋采用 HRB400 号 Φ20 钢筋,箍筋选用 HPB235 号 Φ10 钢筋;纵筋布置间距设计为 0.14 m,即每个土工袋单元体受 3 根纵筋约束,沿基础长边方向布置共计 87 根,沿基础宽边方向布置 75 根;箍筋设计层数为 3 层,布置于各层土工袋 1/2 高度位置;纵筋设计总长 $l+l_0$ 选定为 0.6 m,其中限位段长度 l_0 为 0.3 m,地基土层段长度 l 设计为 0.3 m。

2)内力计算

由给出的设计参数及表 4-5 给出的罕遇地震水平作用系数能够计算得到限位框纵筋受到的水平地震惯性力 Q_h：

$$Q_h = 4500/75 \times 0.4 \times 0.4 \times 0.9/3 = 2.88(\text{kN})$$

选定钢筋型号、设计截面面积以及限位框长度后,根据式(4-14)、式(4-16)能够计算得到钢筋限位框箍筋在受力平衡条件下产生的约束力 P 为

$$P = \frac{\sigma_p D_1}{3} \left(\frac{Q_h}{\sigma_p D_1} + l_0 + l - \sqrt{l_0{}^2 + 2l^2 - \frac{4Q_h l_0}{3\sigma_p D_1} + 2l_0 l} \right)$$

$$= \frac{1}{3} \times 13 \times \left(\frac{2.88}{13} + 0.3 + 0.3 - \right.$$

$$\left. \sqrt{0.3^2 + 2 \times 0.3^2 - \frac{4 \times 2.88 \times 0.3}{3 \times 13} + 2 \times 0.3 \times 0.3} \right)$$

$$= 0.955(kN)$$

纵筋在地基土层段的极限水平承载力 H_u 为：

$$H_u = Q_h - 3P = 2.88 - 3 \times 0.955 = 0.015(kN)$$

地基土层中产生最大弯矩点与纵筋底部的距离 f 为

$$f = (Q_h - 3P)/(\sigma_p D_1) = (2.88 - 3 \times 0.955)/13 = 0.0012(m)$$

纵筋的最大弯矩 M_{max} 为：

$$M_{max} = Q_h \left(\frac{5}{6} l_0 + f \right) - P \left(\frac{3}{2} l_0 + 3f \right) - \frac{1}{2} \sigma_p D_1 f^2$$

$$= 2.88 \times \left(\frac{5}{6} \times 0.3 + 0.0012 \right) - 0.955 \times$$

$$\left(\frac{3}{2} \times 0.3 + 3 \times 0.0012 \right) - \frac{1}{2} \times 13 \times 0.0012^2$$

$$= 0.2903(kN \cdot m)$$

限位框长度设计为 5 m,限位框内单侧纵筋数量 n 为 36 根,则箍筋最危险截面受到的拉力 T_h 为：

$$T_h = \frac{1}{2} nP = \frac{1}{2} \times 36 \times 0.955 = 17.19(kN)$$

3) 强度验算

限位框纵筋选用 HRB400 号Φ20 钢筋,抗剪设计强度箍筋选用 HPB235 号Φ10 钢筋,其中纵筋抗弯强度设计值 $f = 360$ N/mm², 抗剪强度设计值取 $f_{1,x} = 0.577f = 207$ N/mm², 箍筋抗拉强度设计值 $f_{2,y} = 270$ N/mm²。

纵筋抗剪强度验算：

$$H_{u} = 0.015 \text{ kN} < f_{1,x} \cdot A_{1,s} = 207\,000 \times \pi \times \left(\frac{0.02}{2}\right)^2$$

$$= 65.03(\text{kN})，满足要求。$$

纵筋抗弯强度验算：

$$\frac{M_{max}}{\gamma W} = \frac{0.290\,3}{1.2 \times \pi \times \frac{0.02^3}{32}} = 308\,017.87(\text{kPa}) < f$$

$$= 360\,000 \text{ kPa}，满足要求。$$

箍筋抗拉强度验算：

$$T_{h} = 17.19 \text{ kN} < f_{2,y} \cdot A_{2,s} = 270\,000 \times \pi \times \left(\frac{0.01}{2}\right)^2$$

$$= 21.21(\text{kN})，满足要求。$$

4. 限位框与垫层间距设计

已知房屋所在地区抗震设防烈度为 8 度，建议自由滑移量（限位框预留间距）为 40 mm。

4.3　土工袋基础减隔震数值模拟方法

前文对土工袋单元体及组合体在循环加载作用下的相应规律已经有了一定程度的了解，然而想要准确地预测隔震过程中土工袋及上部结构的响应却依然需要数值手段的支撑。目前已有的模拟土工袋动力特性的数值方法主要包括以下几种：

(1)基于连续介质力学框架的有限单元法和有限差分法。然而，土工袋组合体并非理想的连续介质：首先，为了发挥袋体的张力，在施工过程中土工袋间会预留缝隙；其次，上下袋子在循环荷载作用下会发生层间滑移。

(2)能够考虑土工袋非连续性的离散单元法，其在揭示土工袋力学特性的物理机制方面具有不可比拟的优势，但因为其计算效率限制，难以实现多个土工袋组合的动力特性模拟。

（3）借鉴结构抗震中的简化质弹模型法,将土工袋组合体的地基简化为单一的质量-弹簧-阻尼构件,并与上部结构的简化质点形成若干质点串联体,从而可以求解上部结构的动力响应。该方法因其简单的特性,在一些建筑物基础设计的规范中也作为推荐的方法。然而土工袋整体作为一个构件,计算参数很难通过材料层面的试验直接得到,且因为未考虑土工袋自身的多自由度,在计算过程中无法反映高阶振型和土工袋界面滑移的影响。

综上所述,以上三种计算方法在模拟土工袋基础减隔震的过程中均存在计算效率、参数确定方法以及规律的合理性方面的局限性。为了解决土工袋垫层模拟中的不足,本书提出了一种能够基于单个土工袋的动力特性预测土工袋组合体基础减隔震效果的高效计算方法,旨在为土工袋减隔震垫层的优化设计提供技术支撑。

4.3.1　计算原理与模型实现

4.3.1.1　土工袋基础减隔震基本特性

地震波为从震源出发,向四周传递的弹性波,故对土工袋来说,振动方向是单一的。作为地震波的一种,横波使建筑物受到横向加速度而发生破坏,所以在抗震性能计算中,需要重视横波对最大加速度的影响。本书着重介绍横波作用下土工袋的变形问题以及其对于最大加速度的影响,为了简化计算,模型设计中忽略土工袋的宽度,将土工袋的运动视为平面问题。图 4-9 给出了典型的土工袋组合体在水平循环加载作用下的变形模式。当水平界面的摩擦强度较高时,组合体的变形模式主要以袋体的倾斜变形为主,此时袋体横截面形态由初始的长方形变为平行四边形,其动力特性的曲线如图 4-10（a）所示,其滞回曲线为"枣核"状。若剪切过程中土工袋层间发生滑移,则土工袋除自身发生变形外,袋子层间的变形也会影响其动力响应,对应的滞回曲线如图 4-10（b）所示。从材料动力响应条件下的滞回圈定义可以直观得知,土工袋界面的摩擦可以增大滞回圈的饱满程度,从而在水平静力强度满足设计条件的前提下提升减隔震的效果。显然,若不考虑层间的滑移,无法真实反映土工袋基础的减隔震效果。

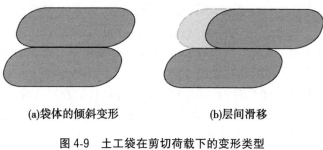

(a)袋体的倾斜变形　　　　　　(b)层间滑移

图 4-9　土工袋在剪切荷载下的变形类型

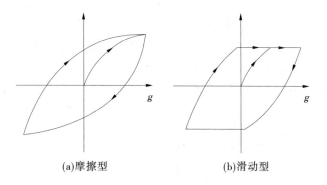

(a)摩擦型　　　　　　(b)滑动型

图 4-10　土工袋在剪切荷载下的变形类型

4.3.1.2　单个土工袋循环剪切的动力模型

1. 柔性土工袋双质点模型

土工袋由土与土工织物袋两种性能参数不同的材料构成。在进行数值模拟时,作为简化,可以将土工织物袋与被包裹住的土体看作一个均质整体,简化计算过程。作为一种柔性材料,振动过程中,土工袋自身的变形不可忽略。参考实际试验结果,土工袋振动过程中,尽管袋体填充材料的剪胀特性导致一定的竖向变形,但考虑到基础层的厚度较小,高度方向变化并不占主导。所以,在构建模型时忽略土工袋高度变化,将土工袋横向变形作为研究重点。

图 4-11(a)中的土工袋受到水平剪切力 τ 时,袋体发生倾斜变形,上下表面产生的水平位移差为 u,定义为

$$u = u_{\mathrm{u}} - u_{\mathrm{b}} \tag{4-20}$$

式中：u_u 和 u_b 分别为袋体上表面和下表面的位移。

袋体在小应变假设下的剪切变形可以写作

$$\gamma = \frac{u}{H} \tag{4-21}$$

式中：H 为土工袋的厚度。

对于图 4-11(a)中所示的土工袋单体发生剪切应变 γ，土工袋的应力和应变关系可以写成增量形式

$$d\tau = Gd\gamma \tag{4-22}$$

式中：$d\tau$ 为袋体受到剪切应力的增量；G 为土工袋的剪切模量；$d\gamma$ 为袋体的剪应变增量。

柔性土工袋双质点模型如图 4-11(b)所示，单个土工袋等价为上下两个质量块，因为质量守恒，每个块体的质量为土工袋质量的一半。两个质量块之间由元器件连接，元器件控制了单个袋子的剪切变形。将土工袋简化为图 4-11(b)中的双质点模型后，需要保证两者的受力-变形关系保持一致。对于土工袋受到的切应力 τ，图 4-11(b)中双质点相互作用力 F^k 与土工袋剪切力相等，因此

$$\tau = \frac{F^k}{S} \tag{4-23}$$

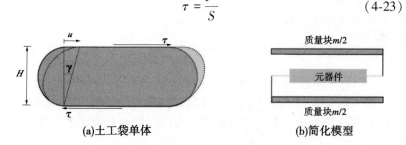

(a)土工袋单体　　　　　　　　(b)简化模型

图 4-11　土工袋单体简化模型

同时，土工袋与元器件的变形值相同。假设元器件对质点作用的刚度为 k，根据定义得

$$k = \frac{dF^k}{du} \tag{4-24}$$

结合式(4-21)~式(4-24)，可以建立元器件的刚度 k 与土工袋的

动剪切模量 G 的定量联系

$$k = \frac{GS}{H} \tag{4-25}$$

上述推导表明,质点元器件模型可以通过式(4-25)定义元器件的刚度 k,从而重现土工袋单体的动力特性。需要说明的是,本书提出的元器件决定了质点之间的接触关系,相较于建筑基础中常用的质弹模型分析方法有以下优点:

(1)刚度 k 在土工袋为理想弹性材料的情况下退化为弹簧,也可以引入速度阻尼和质量阻尼等考虑土工袋的阻尼消能特性。

(2)根据式(4-25),以及土工袋单体的本构可以很方便地定义特殊的元器件。

2. 土工袋单体增量本构关系

在循环水平剪切条件下,土工袋单体的应力-变形呈现典型的滞回特性。尽管目前已经有一些研究针对土工袋的动力特性提出了相应的模型,但现存的大多数模型都是描述滞回圈形态或者骨干曲线的全量模型,在显式计算中较难应用。假设土工袋受到的竖向荷载 $\sigma_n = N/S$,定义剪应力比 $\eta = \tau/\sigma_n$。借鉴亚塑性本构理论中的思路,采用如下表达式描述土工袋的动力特性:

$$d\eta = G_0(d\gamma - \frac{\eta}{M} |d\gamma|) \tag{4-26}$$

式中:G_0 为初始剪切模量;M 为剪应变 γ 趋于无穷大时的应力比。

为了验证式(4-26)在描述土工袋单体的动力特性中的效果,采用了陈爽等开展的土工袋单体试验进行验证。试验开展了土工袋单体在 40 kPa、80 kPa、160 kPa 条件下土工袋单体的循环剪切试验。为了避免土工袋与施加剪切力的试验设备发生滑移,土工袋与加载板上下表面粘贴了强摩擦砂纸。试验的应力-应变曲线如图 4-12 中的虚线所示。采用式(4-26)的动力模型预测上述试验结果,其中 $G_0 = 15$,$M = 0.68$。可以从图 4-12 中看出,计算结果与试验结果吻合度较高,能够较好地预测不同竖向荷载、变化剪切幅度工况下的土工袋动力特性。

结合式(4-22)、式(4-25)和式(4-26),可以建立双质点元器件模型的接触刚度为

$$k = \frac{N}{H}G_0\left[1 - \frac{F^k}{MN}\text{sign}(\dot{\gamma})\right] \qquad (4\text{-}27)$$

式中:$\text{sign}(\dot{\gamma})$ 为土工袋加载的方向,正向加载则为 1,反向加载则为 -1。

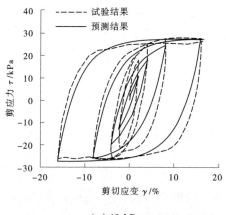

(a)40 kPa

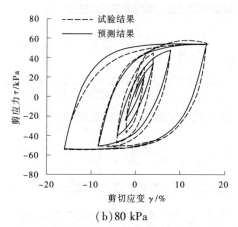

(b)80 kPa

图 4-12　土工袋单体循环剪切试验规律与模型预测对比

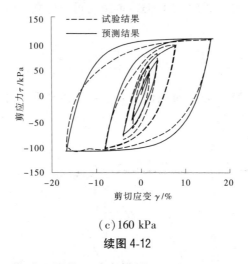

（c）160 kPa

续图 4-12

4.3.1.3　土工袋减隔震垫层动力模拟

土工袋单体简化为双质点和连接的元器件,土工袋之间包含摩擦接触,如图 4-13 所示。为了考虑单体和袋子层间的滑移,本书采用显示时程积分法求解系统的动力方程。下面分别针对土工袋单体和土工袋组合体的模拟方法加以说明。

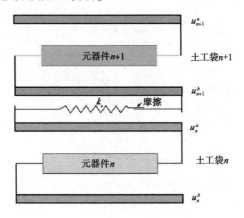

图 4-13　基于双质点模型的土工袋组合体

1. 土工袋层间摩擦的计算方法

对于多个土工袋的计算问题,由于每一个土工袋的上下表面都会受到接触的相互作用,想要研究变形与位移,就必须对这类相互作用进行模拟。在一些土工袋的工程应用中,土工袋组合体会按照一定程度的交错排列,界面呈现一定的嵌固咬合作用,使界面的剪切强度高于其摩擦极限。本书暂不考虑土工袋的交错导致的嵌固,仅考虑袋体之间的静、滑动摩擦。

以图 4-13 中土工袋 n 和 $n+1$ 之间的摩擦作用为例,为了反映界面的摩擦特性,本书借鉴了离散元求解颗粒间切向力的思路求解摩擦接触:在接触的两个质点之间设置了水平接触刚度 k_s,当某时刻 $t_i \sim t_{i+1}$ 发生水平相对嵌固增量 $\Delta\delta$ 时,质点 n 和 $n+1$ 的水平相互作用力增量为

$$\Delta F_n^c = - k_s \Delta\delta \tag{4-28}$$

根据式(4-28)更新当前的 F_n^c,若 F_n^c 小于界面的 Mohr-Coulomb 摩擦极限,即 $|F_n^c| < \mu N$,其中 μ 为土工袋层间的摩擦系数,则质点 n 和 $n+1$ 之间的接触力为 F_n^c,反之则为 μN,写作

$$F_n^c = \text{sign}(F_n^c) \times \min \ (|F_n^c|, \mu N) \tag{4-29}$$

式中:$\text{sign}(F_n^c)$ 为变量的符号,若为正则值为 1,若为负则为-1。

需要说明的是,水平嵌固量 δ 计算过程中的虚拟数值量,其目的是以类似罚函数的形式提供约束反力,从而使得质点在静摩擦力条件下保持平衡。在这种求解方法下,接触刚度 k_s 越大,求解的精度越高,但 k_s 的数值增大会降低计算稳定性。

2. 质点运动方程

通过本书提出的双质点模型,土工袋组合体可以简化为多个双质点模型,每个质点代表半个土工袋。质点运动符合牛顿第二定律,即可以根据质点的合力求解其加速度,再依次通过时间积分,求出质点的速度与位移。具体地,在循环剪切的过程中,任意土工袋的上下质点的受力有:袋间接触力 F_n^c 及连接单个土工袋中上下质点的元器件施加的力 F_n^e。根据质点的动力方程可得

$$\left(\begin{array}{c} F_n^c \\ -F_{n-1}^c \end{array}\right) + \left(\begin{array}{c} F_n^k \\ -F_n^k \end{array}\right) = \left[\begin{array}{cc} \dfrac{m}{2} & 0 \\ 0 & \dfrac{m}{2} \end{array}\right] \left(\begin{array}{c} \ddot{u}_u \\ \ddot{u}_b \end{array}\right) \tag{4-30}$$

式中:$\ddot{u}$ 为土工袋中质点的加速度。

任意质点 n(见图 4-13)的运动计算流程如下:

(1)初始化。赋值初始时刻质点的加速度、速度、位移、力等信息。

(2)更新相对位置。以质点 n 为例,计算更新与其关联质点的嵌固量,土工袋错动增量等信息。

(3)力学求解。根据元器件连接质点的相对位置,更新当前时刻 t_i 元器件接触力 $F_{n,i}^k$:

$$F_{n,i}^k = F_{n,i-1}^k \mp k(\dot{u}_n^u - \dot{u}_n^b)\Delta t \tag{4-31}$$

式中:$F_{n,i}^k$ 为时刻 t_i 土工袋 n 内部质点间的相互作用力;Δt 为时间步长,即 $\Delta t = t_i - t_{i-1}$;$\dot{u}_n^u$ 和 $\dot{u}_n^b$ 分别为土工袋 n 上下质点的速度。

(4)根据式(4-28)和式(4-29)更新土工袋间接触力 F_n^c 和 F_{n-1}^c。

(5)更新加速度。依据式(4-30)更新土工袋 n 上下质点对应的加速度 $\ddot{u}_n^u$ 和 $\ddot{u}_n^b$。

(6)运动积分。对于当前时刻 t_i,由前一个时刻 t_{i-1} 加速度 $\ddot{u}_{i-1}$ 积分更新当前时刻速度

$$\dot{u}_i = \dot{u}_{i-1} + \ddot{u}_{i-1}\Delta t \tag{4-32}$$

式中:$\dot{u}_i$ 和 $\ddot{u}_i$ 为图 4-13 中体系内的任意质点在时刻 i 的速度和加速度。

进一步积分得到当前的位置

$$u_i = u_{i-1} + \dot{u}_{i-1}\Delta t \tag{4-33}$$

式中:u_i 为图 4-13 中体系内的任意质点在时刻 i 的位移。

4.3.2　算例验证

对于复杂振动作用下土工袋的变形、位移模拟,推导得到解析解较为困难。为了验证本书提出的计算方法的合理性,将通过与几个简单

运动状态下解析解结果的对比,对这种新的计算方法的准确性进行论证。

4.3.2.1　袋子带初速度振动

对于理想弹性土工袋,对其上端固定、下端受到初速度作用的情况下袋体的最大变形量进行模拟,如图 4-14 所示。

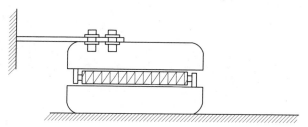

图 4-14　基于双质点模型的土工袋组合体

为了简化起见,暂不考虑土工袋元器件的特性,将土工袋元器件简化为弹簧模型,即 k 为常数。在对下端施加初始速度后,该质量块的动能最终转化为摩擦力产生的内能与弹簧的弹性势能,根据能量守恒定律,可以推求如下关系式:

$$\frac{1}{2}\left(\frac{m}{2}\right)v^2 = \frac{1}{2}ku^2 + \mu mgu \qquad (4\text{-}34)$$

式中:m 为整个土工袋的质量;v 为初始时刻施加给土工袋下方的初速度;g 为重力加速度。

具体验证中,取 $m=0.5$ kg,$k=20$ N/m,$\mu=0.3$,以 0.1 m/s 的间隔依次输出 0.1~10 m/s 作用下,两种模拟方法得出的最大位移量。

由图 4-15 可以看出,在同样初速度的作用下,两种模拟方法得出的土工袋横向的最大变形量保持一致,所以本书提出的按照嵌固量计算摩擦力的方法是准确且适用的。

4.3.2.2　刚性土工袋水平滑移试验模拟

本算例中假定土工袋弹性模量无限大,可以视作刚体,模拟给定土工袋一个初速度,模拟在摩擦力作用下在水平面上滑动至停止的过程。对于刚性土工袋,求取解析解来模拟滑动距离是简单可行的,给出如下速度与最终位移的关系式:

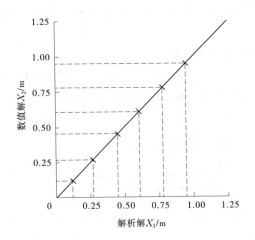

图 4-15　带初速度振动下数值解和解析解对比

$$v^2 = 2\mu gu \qquad (4-35)$$

在具体验证中,取 $\mu = 0.3$,以 0.1 m/s 的间隔依次输出 0.1~10 m/s 给定初速度作用下,两种模拟方法得出的最大位移量。由图 4-16 可以看出,在同样初速度的作用下,两种模拟方法得出的土工袋横向的最大变形量完全相等,所以本书提出的按照嵌固量计算摩擦力的方法对于理想弹性体的模拟是准确且适用的。

这一部分通过与解析解的对比,对本书提出的按照嵌固量计算摩擦力的方法进行了验证,对理想弹性土工袋的模拟结果证实了本方法在计算土工袋变形上的准确性,对理想刚性土工袋的模拟结果证实了计算土工袋位移上的准确性,所以基本可以确认,本书所提出的摩擦力计算方法对多层土工袋运动变形的模拟是可靠的。

4.3.3　土工袋垫层动力特性模拟

4.3.3.1　土工袋垫层循环加载模拟

将上述算法以程序实现后,可以进一步将土工袋垫层的减隔振效果与试验结果进行对比分析,进而对土工袋组合体的设计优化进行分析。

本算例将土工袋单体的阻尼特性考虑到计算中,模拟了土工袋单

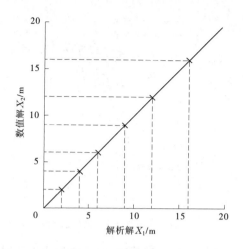

图 4-16　刚性土工袋水平滑移模拟与解析解对比

体在循环荷载条件下的剪切特性,并将预测结果与试验结果对比。其中,模拟过程中土工袋单体的材料特性参数与上述小节中与试验标定的结果一致。模拟过程中通过设置较大的摩擦力,限制了加载上下边界与土工袋的滑动。图 4-17 给出了 40 kPa 竖向荷载条件下土工袋单体的循环剪切模拟结果与室内试验结果的对比结果。可以看出,本书提出的模拟方法可以有效地反映土工袋本身的阻尼特性。

　　为进一步考虑土工袋组合体的袋子变形和层间滑移特性,本书采用试验中的土工袋模拟了多层土工袋的阻尼特性。模拟的土工袋单体的元器件模型参数与前文保持一致,袋子单体的质量为 10 kg。模拟的底层袋子底面由加速度控制,加速度为简谐波,写作 $A_{\mathrm{b}} = -A_{\mathrm{m}}\cos(\omega t)$,其中 $\omega = 2\pi/T, T = 0.2$ s,峰值加速度 A_{m} 分别取值为 $1g, 3g, 5g$。土工袋层间设置摩擦系数 μ,不同工况下摩擦系数分别取 0.2、0.4、0.7,基本覆盖了真实的土工袋层间摩擦系数的范畴。土工袋层间的切向接触刚度 $k_{\mathrm{s}} = 10^7$ N/s。土工袋组合体顶端设置质量 TopMass = 10 t 的质量块模拟上部结构的惯性作用。值得说明的是,为了考虑上部的附加荷载,此处模拟不考虑重力,荷载以额外竖向应力的形式施加在质量块顶部。顶部质量块上施加竖向荷载,不同工况下分别取 40 kPa、80 kPa

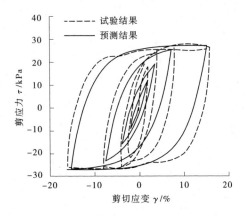

图 4-17　土工袋单体循环剪切特性与试验结果对比

和 160 kPa。本书开展了 9 组数值模拟,具体的模拟工况见表 4-7。

表 4-7　土工袋组合体简谐振动模拟工况

模拟工况编号	层间摩擦系数	袋子层数	竖向荷载/kPa	峰值加速度
#1	0. 2	2	40	5g
#2	0. 4	2	40	5g
#3	0. 7	2	40	5g
#4	0. 4	3	40	5g
#5	0. 4	2	80	5g
#6	0. 4	2	160	5g
#7	0. 4	2	160	3g
#8	0. 4	2	160	1g
#9	0. 4	4	40	5g

图 4-18 给出了上述 9 种模拟工况的土工袋组合体简谐振动响应,图中横坐标中定义的剪切应变为土工袋组合体均一化后的剪切应变,即 $\gamma_T = \dfrac{u_n^u - u_1^b}{nH}$,式中 n 为袋子的层数。从图 4-18(a)~(i)中的模拟结果

可以做出如下分析:

对比图 4-18(a)~(c)的结果可知,随着土工袋层间摩擦系数的增加,土工袋组合体从显著的滑移型基础逐渐转变为摩擦型接触,随着层间摩擦系数的增加,摩擦型接触的强度显著提升,但滞回曲线的饱满程度有所降低,对应着较低的阻尼比。此外,模拟过程中底部输入的不同循环下加速度幅值为恒定值,而图 4-18 中不同循环下均呈现出一定程度的剪切幅度改变的情况。分析上述情况出现的原因为上部结构在振动荷载下发生了一定的水平向位移。对比图 4-18(a)~(c)可见,随着摩擦系数的增大,底部的振动荷载更易传导至上部结构。

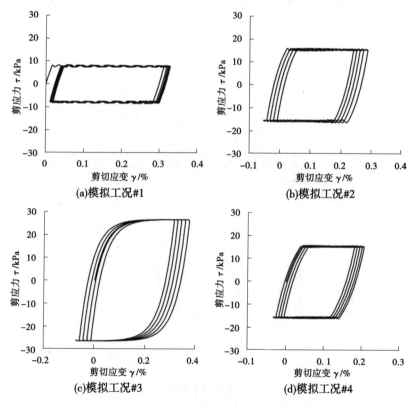

图 4-18　土工袋组合体循环剪切模拟结果

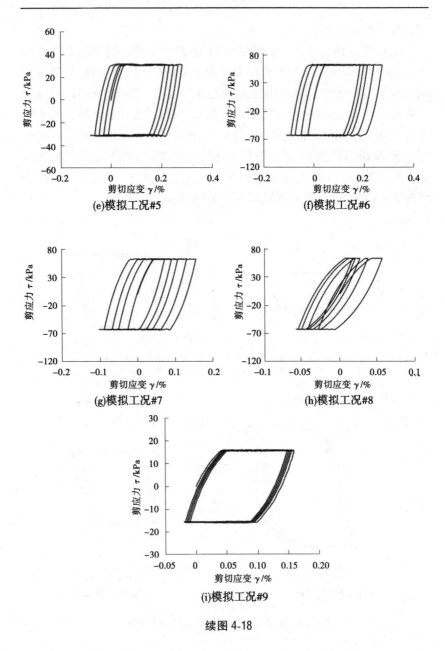

(e)模拟工况#5

(f)模拟工况#6

(g)模拟工况#7

(h)模拟工况#8

(i)模拟工况#9

续图 4-18

　　对比图 4-18(b)、(d)、(i)可以得知,相较于摩擦系数的影响,土工袋层数增加主要影响加载初期的变形模量,总体使得组合体变得更加柔软。若组合体在以滑移为主的工况下,层数的变化对整体的阻尼系数并无显著改变,但层数增加后土工袋底部的振动荷载不易传导至顶部,因此不同循环下的滞回曲线重叠度较高。

　　对比图 4-18(b)、(e)和(f)的模拟结果可以发现,竖向荷载几乎等比例地增加土工袋基础的抗剪强度,而对其阻尼消能的滞回特性影响甚微。

　　图 4-18(f)、(g)和(h)中不同峰值加速度下的土工袋组合体简谐振动模拟结果表明,不难看出,在低振幅条件下,土工袋组合体的阻尼特性主要由袋体自身的变形形成滞回曲线消能,当振幅增大后,土工袋发生层间滑移,进一步提升了减隔震的效果。土工袋组合体在小振幅的简谐振动条件下滑移量较少,因此滞回曲线呈现狭长形态,对应相对低的阻尼比,当振幅增大后,随着层间滑移的增加,土工袋的等效阻尼比会有所增大。

4.3.3.2　地震荷载条件下土工袋垫层响应分析

　　为了考虑土工袋垫层在真实地震作用下的减隔震效果,本书采用了汶川波作为输入源,模拟地震波经过土工袋垫层传递至上部结构的动位移与加速度响应。其中,模拟的土工袋单体的元器件模型参数与前文保持一致,袋子单体的质量为 10 kg。土工袋层间的摩擦系数与试验中保持一致,即 $\mu = 0.4$,土工袋层间的切向接触刚度 $k_s = 10^7$ N/s。与前次模拟不同,为了更好地反映真实的上部结构的惯性作用和对土工袋垫层的压重效果,上部结构质量 TopMass 取值与其对土工袋基础的荷载关联,土工袋基础的荷载面积与试验中土工袋尺寸一致,为 0.4 m×0.4 m。例如,模拟 40 kPa 的竖向荷载过程中,上部结构的质量则为 640 kg。本书开展了 8 组数值模拟,具体的模拟工况见表 4-8。

表 4-8　土工袋垫层减隔震模拟

模拟工况编号	袋子层数	竖向荷载/kPa	汶川波倍数
#1	3	40	标准
#2	3	40	2 倍
#3	3	40	3 倍
#4	3	40	4 倍
#5	5	40	标准
#6	2	40	标准
#7	3	80	标准
#8	3	160	标准

　　图 4-19 和图 4-20 给出了上述 8 种模拟工况的土工袋垫层减隔震效果。从图中的模拟结果可以做出如下分析：

　　对比图 4-19(a)～(d)的结果可知，随着地震加速度的增加，上部结构的振动响应随之增大。而且从动位移的时程曲线可以看出，上部结构的残余位移随着地震加速度的增加而增大。结合图 4-20(a)～(d)可知，在 3 层土工袋、40 kPa 竖向荷载条件下，地震加速度沿着土工袋基础自下而上逐步减小，在上部结构附近加速度取值最小，上部荷载的加速度放大系数随着地震加速度的增大而减小。

　　不同层数的土工袋组合体减隔振效果对比结果[见图 4-19(a)、(e)、(f)]可知，土工袋组合体在不同层数条件下的减隔震特性基本一致，但随着层数的增加，土工袋组合体残余的位移逐渐增加。从图 4-20(a)、(e)、(f)加速度响应沿着深度的分布规律看，增加土工袋层数并不一定有利于减隔震效果，土工袋层数达到 3 层时，土工袋组合体的峰值加速度响应已达最小值，进一步增大土工袋的层数，会导致地震加速度在层间传递过程时出现加速度沿着基础的深度放大的情况。

　　图 4-19(f)、(g)、(h)给出了不同质量上部结构(竖向荷载)工况

下的地震响应。可以看出,因为土工袋具有岩土材料的典型压硬性,高竖向荷载条件下土工袋垫层的动变形模量较大,进而引起较大的加速度的波动。从加速度时程曲线看,三个工况的输入加速度峰值经过土工袋垫层后均有所降低,但在高竖向荷载工况下,地震加速度较低的局部时间段内会发生土工袋垫层放大地震荷载的情况。结合简谐振动部分的模拟结果可以进一步推知,此时土工袋滑移量相对较小,土工袋组合体处于图 4-18(h)中的小应变加卸载工况。对比图 4-20(f)、(g)、(h)的三种工况可知,随着竖向荷载的增大,土工袋垫层的减隔震效果有所降低。

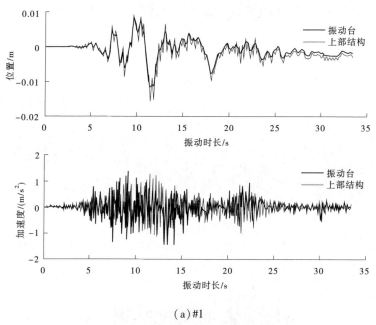

(a)#1

图 4-19 土工袋减隔振基础减隔震响应模拟结果

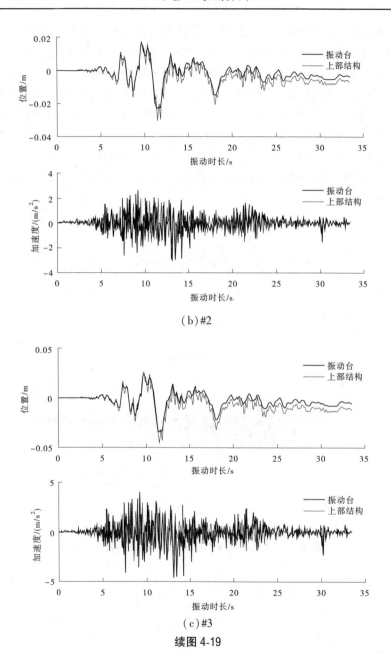

(b)#2

(c)#3

续图 4-19

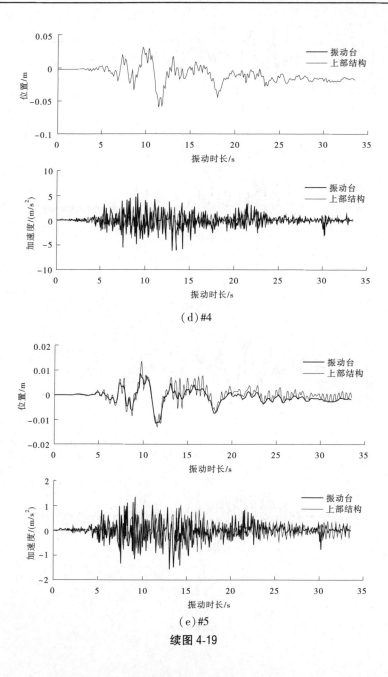

（d）#4

（e）#5

续图 4-19

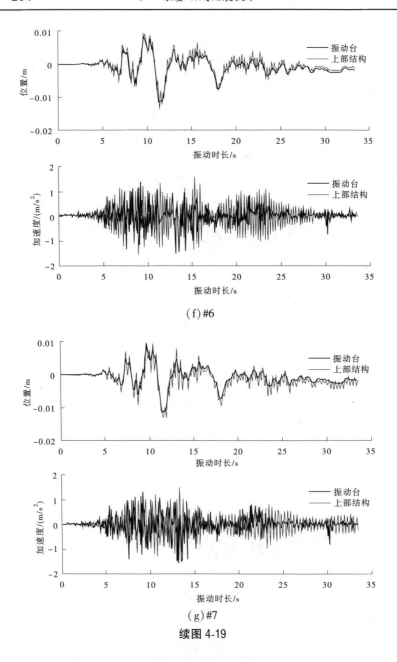

（f）#6

（g）#7

续图 4-19

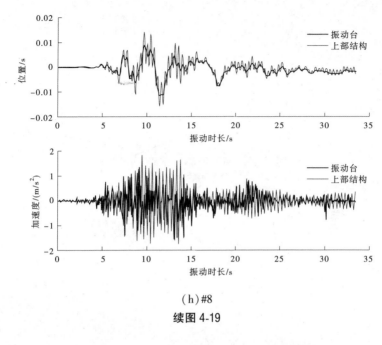

（h）#8

续图 4-19

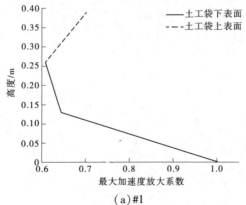

（a）#1

图 4-20　土工袋基础加速度放大系数模拟结果

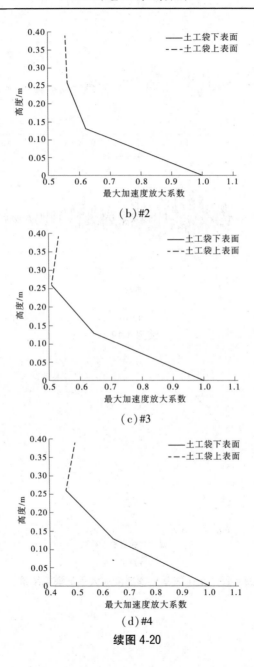

(b)#2

(c)#3

(d)#4

续图 4-20

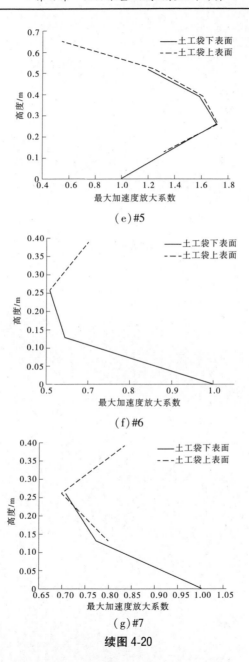

（e）#5

（f）#6

（g）#7

续图 4-20

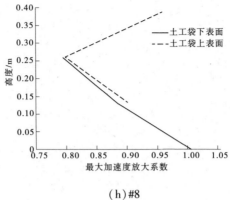

（h）#8

续图 4-20

第 5 章　现场测试与示范应用

本章介绍土工袋减隔振效果的现场测试及其土工袋基础减隔振技术的示范应用案例,主要包括:土工袋沟槽回填减隔振、交通减振、房屋基础减隔振。

5.1　土工袋沟槽回填减隔振

5.1.1　现场激振试验

在某试验现场,开挖一个长 4 m×宽 1.5 m×深 1 m 的基坑,将开挖出的壤土(干密度 $\rho = 1.6$ g/cm^3,含水率 $\omega = 17\%$)装入黑色编织袋(材料参数同前文所述)中,装填量为土工袋总容积的 70%~80%,压实后形成尺寸为 60 cm × 40 cm × 15 cm(长×宽×高)的土工袋;将其回填至基坑内,有序铺设成层,宽度方向排成 4 列,土工袋间隙用较细的壤土填充,每铺完一层用 HZR100 型平板振动夯(重 130 kg,夯实力为 200 kPa,配备马力 5.5 HP,振动频率 48 Hz)进行压实整平,共铺设 6 层土工袋,形成土工袋充填式沟槽。最后在土工袋顶面再铺填约 10 cm 厚的土层,压实后与天然地基面齐平。图 5-1 为土工袋沟槽及加速度传感器布置。为对比分析土工袋与原地基的竖向减振效果,在沟槽深度方向,沿沟槽长轴中心线,布置了两列加速度传感器,一列布置在开挖沟槽端部的天然地基中(测点 V1~V4),另一列布置在基坑内的土工袋夹层中(测点 V5~V8),每层传感器埋设高程相同;在地表面布置了 4 个测点,以研究土工袋沟槽的隔振效果。

5.1.1.1　竖向减振效果

试验时,将 HZR100 型平板振动夯分别置于两列竖向测点的顶部

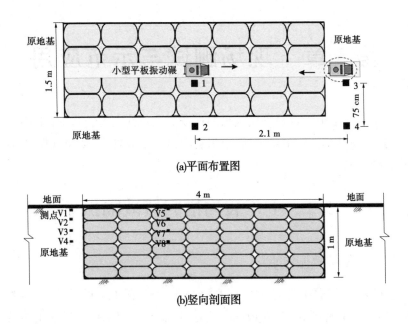

图 5-1　土工袋沟槽及加速度测点布置

作为点振源,每个点振源处持续振动 1 min,得到 1~8 号测点的加速度响应情况,如图 5-2 和图 5-3 所示。可见,加速度响应均沿深度方向逐渐削减。比较测点 V2、V6 发现,振动经过第 1 层土工袋后比经过相同深度的土体削弱更明显。

从加速度响应曲线中获取时段内加速度峰值,依此计算出从上至下的加速度衰减率。由于平板振动夯在天然地基表面与土工袋沟槽表面的振动初始输入不同(比较测点 1、5),因此,将实测结果进行归一化处理,使测点 1、5 的加速度峰值均标准化为 $1g$,归一化处理后结果如表 5-1 所示。可见,经土工袋沟槽处理后地基的归一化后最大加速度值明显小于天然地基,从上到下加速度衰减率也比天然地基的要大,即土工袋处理后地基的竖向减振效果比天然地基要好。

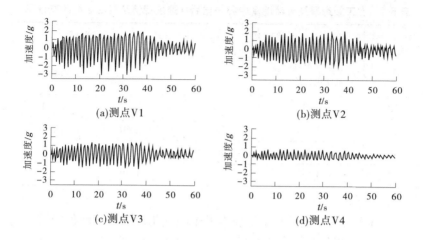

图 5-2　天然地基内各测点的加速度响应曲线

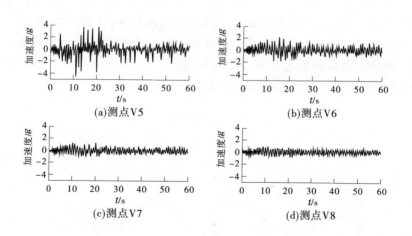

图 5-3　土工袋沟槽内各测点的加速度响应曲线

表 5-1　土工袋沟槽及天然地基中归一化后加速度峰值及其沿深度的衰减率

深度/cm	天然地基		土工袋沟槽	
	归一化后加速度峰值/g	衰减率/%	归一化后加速度峰值/g	衰减率/%
10	1.0	0	1.00	0
25	0.73	27	0.40	60
40	0.52	48	0.22	78
55	0.25	75	0.19	81

　　图 5-4 为天然地基和土工袋沟槽中归一化后加速度峰值随深度的变化曲线。可见,振动向下传播时两者的加速度峰值都降低,且在 55 cm 深度处十分靠近;其中天然地基的加速度峰值随深度近似呈线性衰减,而土工袋沟槽的加速度峰值呈对数衰减趋势。对于土工袋沟槽来说,在 10~25 cm 的深度范围内,其加速度衰减较快;在 25~40 cm 的深度范围内,其加速度峰值仅为天然地基中的 50% 左右;在 40 cm 深度以下,加速度峰值衰减不明显,渐渐趋于稳定。说明在实际工程中铺设 2~3 层土工袋,一般就能满足竖向减振要求。

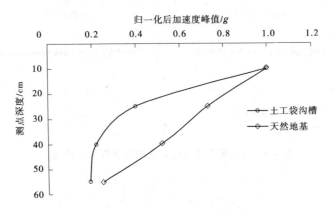

图 5-4　加速度峰值随深度变化曲线

5.1.1.2　水平向隔振效果

为验证土工袋沟槽水平向的隔振效果,振源布置在土工袋沟槽中心轴线上[见图 5-1(a)],采用 AVD 测振仪同步测得各点的加速度响应,AVD 加速度传感器的测量信号频率从 0.05~2 000 Hz 均可,量程选择 1g。工况 1 为有土工袋埋设的沟槽,用测点 V1、V2 的加速度响应反映其隔振效果;工况 2 为无土工袋埋设的天然地基,用测点 V3、V4 的加速度响应反映其隔振效果。

试验中,将沿基坑长轴线往返移动的 HZR100 型平板振动夯作为线振源,如图 5-1(a)所示;AVD 测振仪对工况 1 和工况 2 的 4 个测点处的加速度进行了 6 组测试,每组测试持续 5 s。

各测点在 6 个时段中实测最大加速度值及减振率列于表 5-2,土工袋沟槽及天然地基的减振率对比绘于图 5-5 中。可见,土工袋沟槽的水平向加速度衰减率比天然地基的大很多,6 组测试的衰减率都在80% 以上,平均值达到 86.88%,而天然地基平均衰减率仅有 53.35%。其原因主要是土工袋在水平向存在空隙,有效阻碍了振动向周围的扩散。

表 5-2　测点加速度峰值及其水平向衰减率

时段	土工袋沟槽顶部 加速度峰值/g			原地基表面 加速度峰值/g		
	测点 1	测点 2	衰减率/%	测点 3	测点 4	衰减率/%
1	2.33	0.44	81.12	0.62	0.39	37.10
2	2.02	0.27	86.63	0.21	0.12	42.86
3	2.59	0.32	87.64	2.59	0.68	73.75
4	1.99	0.35	82.41	0.58	0.31	46.55
5	5.08	0.34	93.31	0.39	0.19	51.28
6	7.43	0.73	90.17	3.5	1.1	68.57
平均衰减率			86.88			53.35

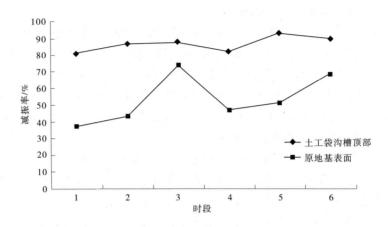

图 5-5　6 个时段水平减振效果对比

5.1.2　城市主干道侧边沟槽回填减隔振效果测试

依托南京市的"雨污分流"工程,在城区某主干道一侧非机动车通道上进行了土工袋沟槽回填现场试验。图 5-6 为试验段的平面位置示意图。试验段位于某加油站进出口间,全长约 30 m,共埋设了 4 节直径为 80 cm 的管道,中间跨越一个围井。沟槽开挖深 2.18~2.40 m,宽 1.8 m。沟槽开挖土为淤泥质粉质黏土,主要物理力学特性指标如表 5-3 所示。

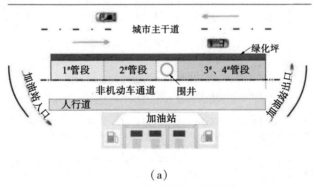

（a）

图 5-6　试验段的平面示意图

(b)

续图 5-6

表 5-3　沟槽开挖土的主要物理力学特性指标

天然容重/(kN/m³)	含水率/%	黏聚力/kPa	内摩擦角/(°)	压缩模量/MPa
17~18	33~39	11~12	8~10	3~4

　　该试验段比较了三种回填方案,如图 5-7 所示。1# 管段采用方案一,沟槽断面基本上用二灰土回填,仅在表层铺设 2 层土工袋;2# 管段采用方案二,沟槽断面一半用二灰土回填,一半用土工袋回填;3#、4# 管段采用方案三,沟槽全断面用土工袋回填。土工袋尺寸约为 60 cm × 40 cm × 15 cm,采用以聚丙烯(PP)为原材料的黑色土工编织袋,袋内直接装填沟槽开挖土。土工编织袋克重 100 g/m²,经、纬向拉力强度标准分别为 20 kN/m 与 15 kN/m,经、纬向伸长率≤28%,顶破强力≥1.5 kN/m。每层土工袋错缝排列,土工袋顶部恢复成原有的沥青混凝土路面。

　　对于减振隔振效果,采用了 AVD 高精度测振仪进行了振动检测。图 5-8 和图 5-9 分别为振动测点布置及现场测试情况。1# 加速度传感器放在绿化带路缘作为基准点,2# 加速度传感器布置在 A、C、E、G 点;3# 加速度传感器布置在 B、D、F、H 点;其中 A 代表无土工袋回填的路面,C 代表按方案一回填的沟槽表面,E 代表按方案二回填的沟槽表

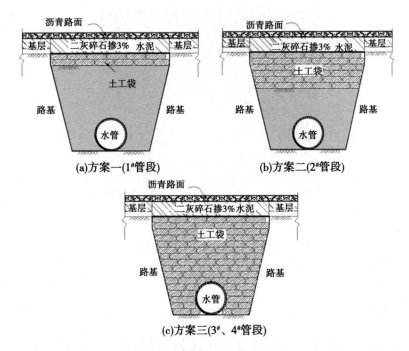

图 5-7 各管段沟槽回填方案

面,G 代表按方案三回填的沟槽表面。$1^{\#}$、$2^{\#}$ 和 $3^{\#}$ 加速度传感器同步记录数据,每组数据的采集时间均为 20 s。$1^{\#}$ 加速度值与 $2^{\#}$ 加速度值之差反映土工袋沟槽自身的减振效果;$1^{\#}$ 加速度值与 $3^{\#}$ 加速度值之差反映土工袋沟槽的隔振效果。

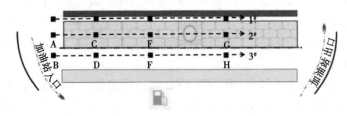

图 5-8 振动测点布置示意图

由于试验段旁主干道上过往车辆引起的振动随时在变化,因此无法用检测得到的加速度绝对值大小来分析减振、隔振效果,应该采用减

(隔)振率来分析。减(隔)振率的定义为:同一时刻测得的 $1^{\#}$ 基准点加速度传感器测值与 $2^{\#}$ 或 $3^{\#}$ 加速度传感器测值之差除以 $1^{\#}$ 加速度传感器测值。

(a)　　　　　　　　　(b)　　　　　　　　　(c)

图 5-9　AVD 高精度测振仪现场测振

图 5-10 为沟槽内不同回填方式对应测点(A、C、E、G)加速度平均减振率分布。图 5-11 为非机动车道上对应于不同沟槽回填方式各测点(B、D、F、H)加速度平均隔振率分布。每一测点加速度平均减(隔)振率由 20 s 时间段内测得的 20 个时间点最大加速度平均值计算而得。图 5-12 为沟槽不同回填方式自身的减振隔振效果比较。从图 5-12 中可以看出,随着土工袋回填层数的增加,沟槽的减振率和隔振率均有所上升;其中土工袋全断面回填的沟槽表面测点 G 的减振效果最为明显,减振率可达到 13.5%;同时,沟槽的隔振效果比无土工袋回填的路基要好很多,方案三沟槽的隔振率为无土工袋回填路基的 2 倍,如图 5-12 所示。

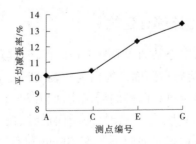

图 5-10　沟槽内不同回填方式各测点平均减振效果比较

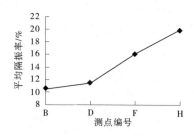

图 5-11　非机动车道上各测点平均隔振效果比较

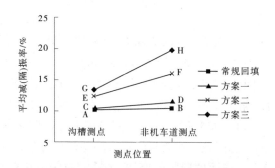

图 5-12　不同回填方式减振、隔振效果比较

5.2　交通减振

5.2.1　市中心道路邻近建筑

　　日本名古屋市中心某沥青混凝土路面道路,其路基为软弱土层,交通量特别大,多年运行后路面多处出现开裂及凹凸不平现象,车辆引起的交通振动严重影响道路两侧的居民生活,在进行道路修复时采用了土工袋技术,图 5-13 为土工袋修复的断面设计、施工及施工前后的振动检测结果。在原道路表面向下开挖 70 cm 左右后,铺设了三层土工袋,袋内装填的是城市垃圾焚烧后遗留下来的粒状物。在土工袋上方按通常的方法回填碎石垫层及沥青混凝土路面修复。施工前后分别在

图 5-13(a)所示的 4 个测点(P1~P4)进行了振动测量。图 5-13(c)为振动监测结果,用 dB(分贝)值来表示。与施工前相比,用土工袋进行修复后,交通振动减少了 8~15 dB,且施工完 1 年 3 个月再次测量,振动水平仍维持在施工后的同样水平,大大改善了道路两侧居民生活的舒适度。目前,日本已将土工袋作为道路减振的一种有效措施,施工案例逐渐增多。

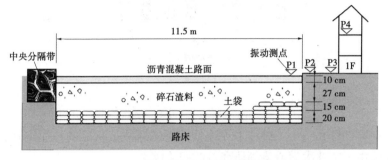

(a)断面图与振动测点位置

(b)施工状况

图 5-13　某一城市中心道路路基施工案例及振动监测结果

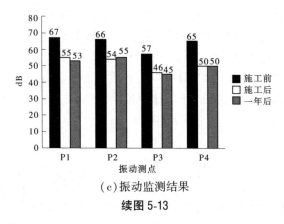

（c）振动监测结果

续图 5-13

5.2.2　地铁邻近建筑

本部分介绍土工袋技术在地铁邻近建筑减振领域的应用案例,主要引用了宁波大学盛涛等研究者的相关成果。

5.2.2.1　试验介绍

1. 试验模型

为了解土工袋垫层的竖向隔振能力,盛涛等研究者于某地铁高架桥附近搭建了单层足尺砌体建筑模型。图 5-14 给出了该建筑模型的立面图,其上部结构的长×宽×高约 3.0 m×2.8 m×2.8 m,与一般居民建筑的小型卧室尺寸相近。仿照基础隔振结构,为该建筑设计了截面尺寸为 300 mm×500 mm 的隔振层梁。在隔振层梁和筏板基础之间放置土工袋垫层。试验时为将地铁环境振动的负面影响增至最大,并排除其他环境振动(如道路汽车和建筑施工等)的干扰,在其筏板基础上设置了大功率激振器。在夜深人静时,由激振器输出昼间实测的地铁环境振动,测试土工袋垫层的隔振效果,并与舒适度限值进行比较。该建筑采用现浇钢筋混凝土楼板,其厚度为 100 mm。

图 5-15 为足尺建筑、地铁高架桥和城市道路的现场照片。该建筑与地铁高架桥的直线距离约 25 m,且紧邻城市道路。由于其周边场地内主要分布海相软土,地铁高架桥的桩基础直达基岩,深度为 30 m。地铁车辆通过该建筑物时的速度约 45 km/h,其间隔时间约 10 min。

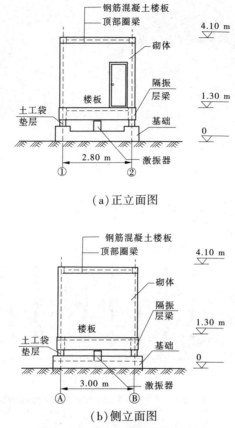

（a）正立面图

（b）侧立面图

图 5-14　足尺建筑模型的立面图

此外,地铁高架桥下为市区与港口间的主干道,路面上的重型集装箱卡车较多,其对建筑舒适度的负面影响不小于地铁环境振动,因此试验时有必要对两种振动进行区分。

　　试验前,通过锤击试验获得建筑模型的竖向自振特性。图 5-16 给出了室内楼板处的竖向振动加速度时程曲线、功率谱密度(PSD)及小波谱。试验结果表明,前三阶自振频率分别为 40~50 Hz、80 Hz 及 140 Hz。结合钢筋混凝土楼盖自振频率的计算公式:40~50 Hz 为隔振层梁的自振频率,80 Hz 与 140 Hz 分别为楼板的第一、二阶固有频率。

（a）建筑模型和地铁高架桥　　　（b）地铁高架桥与城市道路

图 5-15　试验场地现场照片

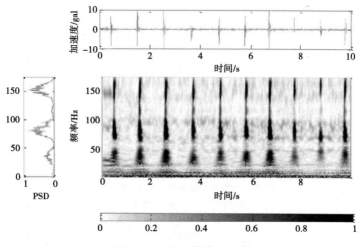

图 5-16　上部结构自振特性

2. 试验工况及设备

表 5-4 为非隔振和隔振两种试验工况，以及竖向自振频率设计值。其中，工况 1 采用 4 个混凝土短柱支承上部结构；工况 2 应用土工袋垫层支承上部结构，此时混凝土短柱与上部结构脱离。工况 2 中的土工袋垫层由 4 个土工袋单元体堆叠而成（见图 5-17），其竖向刚度设计值由静力加载试验预先获得。

表 5-4　试验工况

工况	支座形式	竖向自振频率/Hz
1	混凝土短柱(非隔振)	240
2	土工袋垫层(隔振)	4

（a）侧视图　　　　　　　　　　（b）土工袋垫层详图

图 5-17　土工袋垫层现场照片

　　试验时,结合高灵敏度 Lance 0132T 加速度传感器和动态数据采集仪测试基础和楼盖的竖向振动,其采样频率为 500 Hz,能够涵盖振动舒适度规范要求的 4~200 Hz 振动区间。

5.2.2.2　试验结果与分析

　　1. 土工袋垫层的实际隔振频率

　　通过锤击试验验证表 5-4 中工况 2 的竖向隔振频率,其试验结果如图 5-18 所示。结果表明:竖向自振频率实测值约 4.5 Hz,略大于设计值 4.0 Hz,表明土工袋垫层的竖向动刚度略大于静刚度。

　　2. 隔振效果分析

　　以某一趟地铁经过时引发的环境振动为例,各工况下的底部及顶部楼板竖向振动加速度时程曲线及对应功率谱见图 5-19 和图 5-20。试验结果表明,应用土工袋垫层代替混凝土短柱后,底部和顶部楼板的加速度峰值降低约 65%,功率谱峰值降低约 88%。楼板的振动功率谱峰值位于 80 Hz 和 140 Hz,对应其第一、二阶自振频率。由此可知,地铁环境振动容易诱发楼盖共振,应用土工袋垫层作为竖向隔振措施可避开共振频段,减小室内振动。

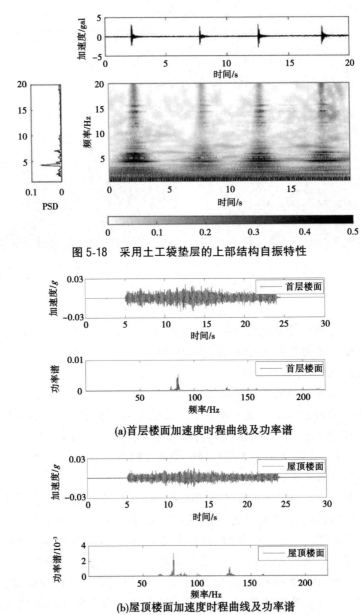

图 5-18　采用土工袋垫层的上部结构自振特性

(a)首层楼面加速度时程曲线及功率谱

(b)屋顶楼面加速度时程曲线及功率谱

图 5-19　工况 1 不同楼板处加速度时程曲线及功率谱

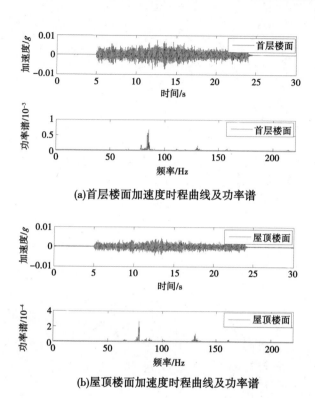

(a)首层楼面加速度时程曲线及功率谱

(b)屋顶楼面加速度时程曲线及功率谱

图 5-20　工况 2 不同楼板处加速度时程曲线及功率谱

为评估土工袋垫层对室内舒适度的提升效果,作出首层、顶层楼面在各工况下的 1/3 倍频程分频振级如图 5-21 所示。结果表明:工况 1 中,未采取隔振时地铁环境振动对首层楼面舒适度的负面影响较强烈,最大振级超出标准限值约 79 dB;工况 2 中,应用土工袋垫层后首层楼面的最大振级降低了约 13 dB。其室内舒适度得到显著提升,且满足了规范要求的 67 dB。屋顶楼面也具有类似现象。

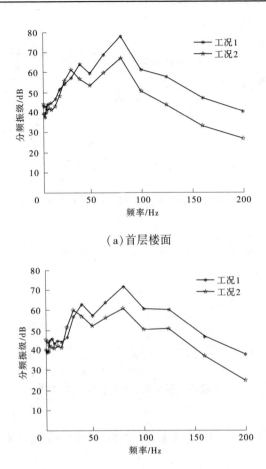

（a）首层楼面

（b）屋顶楼面

图 5-21　各楼面处的 1/3 倍频程分频振级

最后，对工况 2 时由道路交通环境振动诱发的建筑模型共振现象进行了分析，其楼盖竖向振动的 1/3 倍频程分频振级如图 5-22 所示。结果表明：道路交通诱发的环境振动频率较低，与隔振结构发生了竖向共振，放大了楼盖在低频处的竖向振动。但由于土工袋的高阻尼特性，室内振级仍能满足舒适度要求。由此可知，将土工袋垫层应用于地铁邻近建筑具有可行性。

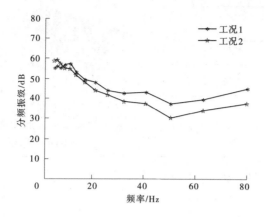

图 5-22 首层楼面处的 1/3 倍频程分频振级

5.3 房屋基础减隔振

5.3.1 现场实测例

日本神奈川县 YM 市某房屋建于一个高速公路交叉路口[见图 5-23(a)],地基为超软黏土,采用了土工袋进行加固处理,房主入住后感到非常舒适。为探究原因,在屋内外各布置了一个加速度测点[见图 5-23(b)]进行了振动加速度测试,图 5-23(c)、(d)为重载车辆通过时同步监测到的结果。可以看出,P2 测点的加速度测值明显小于 P1 测点测值,说明房屋基础经过土工袋处理后,可以减小路面车辆引起的振动影响。进一步地,对图 5-23(c)、(d)的加速度时程曲线进行频谱分析(见图 5-24),发现 x、y、z 三个方向,交通振动减小的频率范围在 1~10 Hz,这正是人体感觉最为敏感的频率范围。

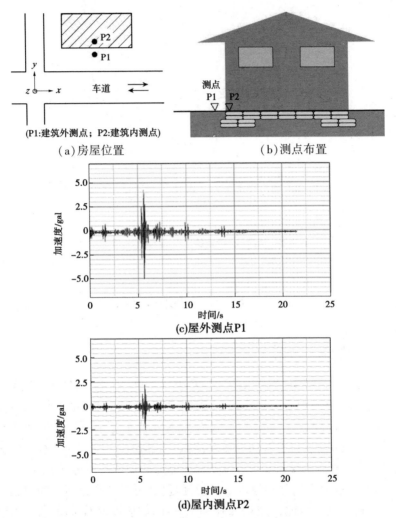

（a）房屋位置　　　　　　　　　　（b）测点布置

(P1:建筑外测点；P2:建筑内测点)

(c)屋外测点P1

(d)屋内测点P2

图 5-23　日本 YM 市某土工袋处理基础房屋振动加速度实测结果

　　为了进一步验证土工袋房屋基础的减隔振效果，在同一场地平行修建了两栋平面尺寸为 637 cm × 546 cm 的房子，其中一栋基础无土工袋，另一栋基础设置了 3 层土工袋，如图 5-25(a) 所示。在两栋房子的地坪中心各设置一个加速度测点[见图 5-25(b)]，在两栋房子中间、距

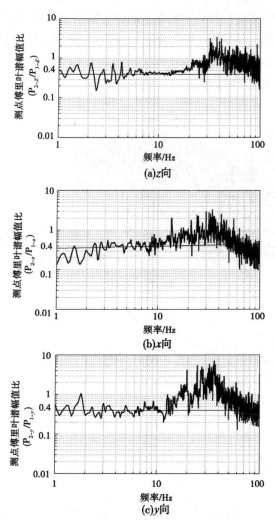

图 5-24　YM 市实施例加速度频谱分析结果

离房子边界线 400 cm 处作为振源点,采用激振器进行不同激振频率下
(10 Hz、15 Hz、20 Hz、30 Hz、40 Hz、50 Hz、60 Hz)的振动测试。图 5-26
为振动测试结果。可以看出,对于振动频率为 10 Hz、15 Hz、20 Hz、30
Hz、50 Hz、60 Hz 的情况,有土工袋基础的房屋地坪中心测点加速度峰

值与振动分贝数均小于无土工袋基础的房屋,土工袋基础的减隔振效果得到了验证。而振动频率为 40 Hz 时,有土工袋基础的房屋地坪中心测点加速度峰值与振动分贝数反而大于无土工袋基础的房屋,分析认为 40 Hz 是土工袋基础的固有频率,但需要进一步验证。

(a)实物照片

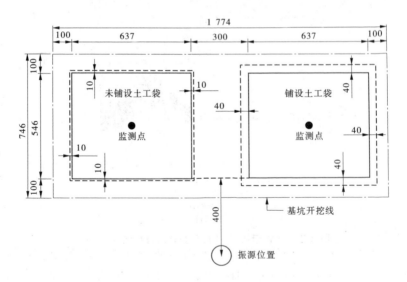

(b)测点与振源位置

图 5-25　有、无土工袋基础两栋房屋振动平行测试　(单位:cm)

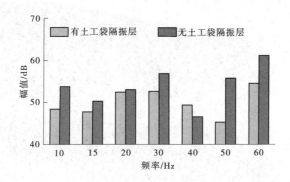

（a）傅里叶谱幅值

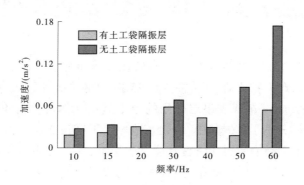

（b）加速度峰值

图 5-26　两栋房屋振动平行测试结果

5.3.2　日本某仓库施工例

该仓库工程（见图 5-27）位于日本新潟县三条市，设计平面尺寸约为 40 m×40 m，两层框架结构，高约 15 m，结构自重约 28 380.86 kN。由于仓库所在位置属于地震多发地区，需要考虑提高结构整体的抗震性能，故采用了土工袋减隔震垫层，布置于仓库的独立承重柱基础、地梁及室内地坪下部。

图 5-27　仓库整体外形

　　图 5-28 为该仓库的基础平面布置图及承重柱基础的剖视图。仓库采用独立式扩展基础,承重柱共计 25 根,扩展基础平面尺寸为 3 500 mm× 3 500 mm。减隔震垫层采用的土工袋单元体尺寸为 40 cm× 40 cm× 80 cm,分别于扩展基础、地梁及地坪以下铺设 2 层。为了防止雨水下渗对土工袋垫层的减隔震性能产生影响,在上部刚性结构与土工袋垫层之间加铺一层防潮布,同时在基坑四周及土工袋垫层与刚性结构接触侧边布置泡沫板形成缓冲层,以吸收部分地震波,减小地震工况下土工袋垫层发生剪切变形后与基坑土体、上部刚性结构产生的相互作用力。

　　图 5-29 为仓库基础土工袋隔震垫层施工过程,其中:

　　(a)独立式扩展基础开挖后,在基坑四周安装支护模板。

　　(b)在基坑内逐层铺设土工袋,袋体间预留一定的间隙(5～10 cm),以保证土工袋张力发挥以及阻隔地震波的传递。

　　(c)各层土工袋铺设完成后采用小型碾压机械进行碾压整平。为确保碾压时受力均匀及使各层土工袋厚度基本保持一致,碾压在土工袋表面铺设的薄模板上进行。

（d）完成扩展基础下 2 层土工袋垫层铺设后,在地梁与其下 2 层土工袋间铺设 1 层 PE 防潮布,然后进行扩展基础及承重柱的混凝土浇筑。

（e）独立扩展基础浇筑完成后,在地梁及整个仓库的地坪下铺设 2 层土工袋。

（f）土工袋铺设完成后,在其表面铺设一层 PE 防潮布,然后进行整个地坪的混凝土浇筑。

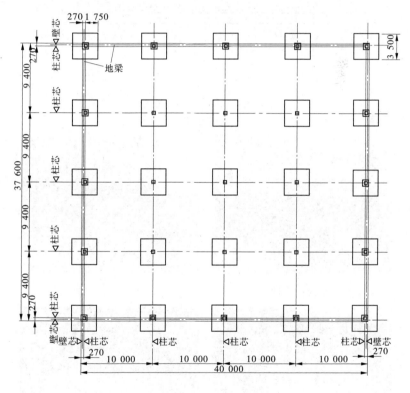

（a）平面布置图

图 5-28　仓库基础结构图　（单位:mm）

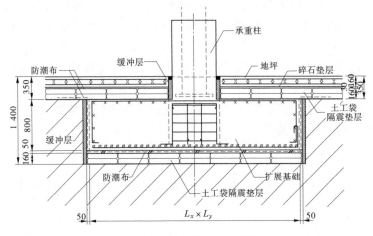

（b）独立式扩展基础剖视图

续图 5-28

（a）基坑模板支护

（b）基础下土工袋铺设

（c）土工袋垫层碾压整平

（d）防潮布铺设

图 5-29　仓库基础土工袋隔震垫层施工过程

（e）扩展基础土工袋铺设完成情况　　　　（f）地梁下土工袋施工

（g）地坪下土工袋铺设　　　　　　　（h）地坪混凝土浇筑

续图 5-29

　　遗憾的是,该工程由于预算经费的不足,施工过程中未埋设加速度传感器等监测仪器,但设计者采用质弹模型对该工程进行了非线性动力有限元计算分析,结果见表 5-5。可见,采用土工袋减隔震垫层后,在 El-Centro 1940NS 地震波作用下,仓库 1 层结构的加速度响应最大可以减小 5%、2 层结构的加速度响应最大可减小 35%;在 2004 年新泻县地震波作用下,1 层结构最大位移可减小 20%,2 层结构最大位移可减小 27%,减隔震效果明显。

表 5-5　土工袋垫层减隔震效果数值分析结果

记录地震动	新潟中越地震波 2004				新潟中越地震波 2007				El-Centro 地震波 1940			
方向	EW		NS		EW		NS		EW		NS	
是否布置土工袋	是	否	是	否	是	否	是	否	是	否	是	否
1-F 最大位移/cm	5.2	6.4	5.2	6.4	7.1	9.7	9.3	13.0	6.5	8.0	8.3	10.7
2-F 最大位移/cm	9.9	12.5	10.9	15.0	14.3	17.8	18.3	24.5	13.3	15.0	13.6	23.5
1-F 最大速度/(cm/s)	29.3	36.1	40.3	55.2	71.6	124.2	68.6	85.7	30.9	40.4	53.5	83.3
2-F 最大速度/(cm/s)	66.1	81.8	72.0	93.8	116.1	124.2	152.5	206.6	87.0	94.6	102.7	167.8
1-F 最大加速度/gal	254.2	282.7	393.3	355.4	777.3	582.4	658.0	532.0	353.7	384.7	530.7	772.8
2-F 最大加速度/gal	415.0	438.3	516.7	503.8	1 185.0	986.7	1 341.1	1 635.7	531.4	529.4	1 048.8	1 090.5

5.3.3　白鹤滩水电站移民安置点某民居工程实施例

　　白鹤滩水电站是一座千万千瓦级的巨型电站,是我国能源建设中为解决华中华东地区能源短缺、改善能源结构,实施"西电东送"战略部署中的骨干工程之一。电站位于金沙江下游河段,四川、云南两省之间的界河上,场地基岩地震动峰值加速度 50 年超越概率 10% 为 0.284g,特征周期为 0.40 s,相对应的地震基本烈度为Ⅷ度。为验证土工袋垫层在城乡中低层民居中的减隔震效果,在地震多发区金沙江白鹤滩水电站坝址附近的移民安置点修建了国内首幢含有土工袋隔震垫层的农村民居示范工程。

5.3.3.1　房屋结构与土工袋减隔震基础

　　设计的民居为一层砖混结构,层高 4 m,平面尺寸 7 m × 7 m,墙体厚度为 24 cm,采用实心黏土砖在钢筋混凝土整浇筏板基础上砌筑,基础混凝土强度等级为 C30。钢筋混凝土筏板基础下铺设 3 层土工袋垫层,如图 5-30 所示。

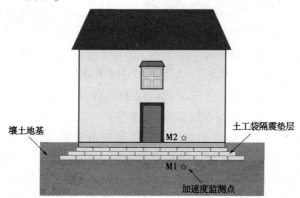

图 5-30　土工袋减隔震民居建筑示意图

　　作为基础减隔震层的土工编织袋原材料为聚丙烯(PP),其经、纬向抗拉强度分别为 17.18 kN/m 和 22.72 kN/m,经、纬向伸长率分别为 18% 和 24%。经紫外线照射 200 h 后的老化试验显示,母材强度变化不大,经向伸长率略有降低,表明所选用的土工编织袋具有良好的抗老化功能。为便于就地取材,土工袋袋内装填材料与实际房屋施工常用材料保持一致,选用工地现有的建筑中砂。前期研究表明,袋内装填砂土时,土工袋具有较好的阻尼耗能特性。

　　为便于在现代化施工机械缺乏的村镇地区推广应用,示范工程的土工袋主要采用人工进行装填。实际装袋时根据选用中砂的堆积密度换算体积,加工了若干个便携式装袋桶[见图 5-31(a)],将几个装袋桶组成一组摆放在一起,然后在其顶部放置一个开口的平板,用人工或小型挖机装填砂土与装袋桶高度齐平,抹平多余填料后使用手提式缝包机封口。整平后的土工袋单体尺寸约为 40 cm×40 cm×10 cm[见图 5-31(b)]。

（a）土工袋装袋　　　　　　　　　（b）土工袋单体
图 5-31　土工袋制作与成型照片

　　如图 5-32(a)所示,土工袋隔震层铺设形式采用十字交错形,铺设3 层土工袋,厚度大约为 30 cm,铺设过程中土工袋袋体间预留 2 cm 左右的缝距,保证土工袋在地震作用时能够充分发挥变形耗能及间隙阻断地震波转递等作用。整体铺设完后,对土工袋垫层进行适当碾压,碾压整平后在土工袋隔震层上部铺设约 10 cm 厚的砂垫层找平,作为土工袋隔震层与上部筏板基础间的过渡层;最后,根据设计要求浇筑一层10 cm 厚的素混凝土,待养护完成后进行钢筋混凝土筏板基础的浇筑,砌筑上部房屋结构,形成最终的建筑结构[见图 5-32(b)]。

5.3.3.2　采集和监测系统布置

　　在房屋的土工袋隔震层下部(地坪以下 0.7 m)M1 和筏板基础与地坪上部 M2 处布置各布置了一个三向加速度传感器,通过记录监测

(a)土工袋垫层　　　　　　　(b)房屋主体完工

图 5-32　土工袋垫层隔震房屋实物照片

点沿高度方向的加速度变化情况,分析土工袋垫层的减隔震效果,具体监测点位置分布情况如图 5-33 所示。

　　此外,在遭遇实际地震之前,在现场开展了激振试验,以验证土工袋垫层的减隔震效果。在房屋一侧同一距离设置两组对照点,一组铺设土工袋垫层模拟有隔震层的工况,另一组就地采用壤土回填模拟无隔震层的情况。在与室内地坪同高处布置加速度传感器 M4 与 M5,在对照点连线中点位置 0.7 m 深度处布置测点 M3。

挡墙侧

室外场地

室内地坪

M5　★　B组(无土工袋垫层)

1.1 m　2.3 m

振源点
(小型设备振动)

P_1　P_2　P_3

M4　★　A组(有土工袋垫层)

★三向加速度传感器

M2　★

(a)俯视图

图 5-33　监测点布置示意图

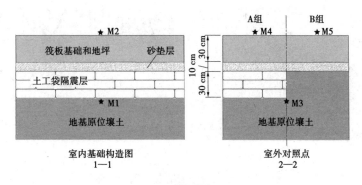

（b）断面图

续图 5-33

试验布置的加速度传感器为 YT-600A 三轴固定式倾角传感器,精度为 1/3 000g,量程 3g,具有高精度、低功耗的特点,采用具有 GPS 北斗定位功能、太阳能供电的 NB-IoT 无线通信方式。考虑到降雨或周围排水入渗可能造成的传感器信号采集问题,对每个加速度传感器外加保护盒,并进行灌胶处理,对信号线采用 PVC 管进行保护,传感器及其现场埋设如图 5-33(a)中的现场布置图所示。施工完成后于房屋内安装加速度传感器对应的数据采集盒,并进行采集系统的信号接收调试,将信号传输至云平台。该平台基于物联网、大数据和云计算技术,可实现监测数据的可视化和云存储,可提供实时灵活的远程控制和监测。图 5-34 为本示范工程的加速度采集与监测系统工作示意图。

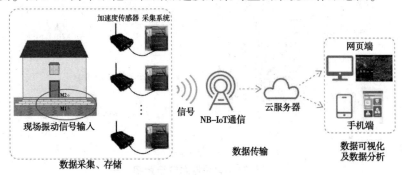

图 5-34　加速度采集与监测系统工作示意图

5.3.3.3　现场原位激振试验

由于现场还未发生地震,尚无实测地震波数据,实际地震条件下的隔震效果有待长期监测数据验证。为此,在房屋整体结构施工完毕后,在现场首先开展了激振试验,以对该房屋的隔震效果进行评估。如图 5-35 所示,采用小型激振设备在房屋远处施加一个点振源 P,以 M3 位置为基准点,振源分别设置为距室外对照组 0 m、1.1 m 和 2.3 m 三个位置[见图 5-35(b)中标注的水平距离 L],分别对应图中的 P_1、P_2 及 P_3 点。每次在上面三个位置分别激振持时约 10 s,同时记录对应各测点的加速度响应情况,绘制加速度变化时程曲线。其中,M1、M2 测点因数据较小未达到传感器阈值,未连续采集,仅根据平台定时回传数据得到对应峰值加速度。

(a)激振器　　　　　　　　　(b)激振点位置

图 5-35　现场激振试验

1. 加速度响应过程

由于现场测试振源为使用激振器产生的随机振动,产生的地面振动与实际地震动存在一定差异,受到现场测试条件的限制,测试精度可能受到一定影响,但总体来看,并不影响对减隔震效果的评价和判断,诸多学者也采用该方法来初步验证隔震效果。图 5-36 分别给出了 P_1、P_2 与 P_3 三个不同激振点下横向(a_x)、纵向(a_y)和竖向(a_z)的加速度时程曲线。可以看出,x、y、z 三个方向的加速度表现出相似的规律性,即随着振源与测点之间距离的增大,不同测点的加速度数值均呈现逐渐减小的变化趋势。

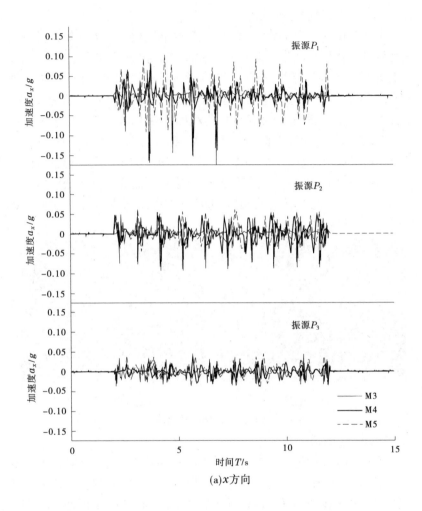

(a)x方向

图 5-36　不同振源点激振测点三向加速度时程曲线

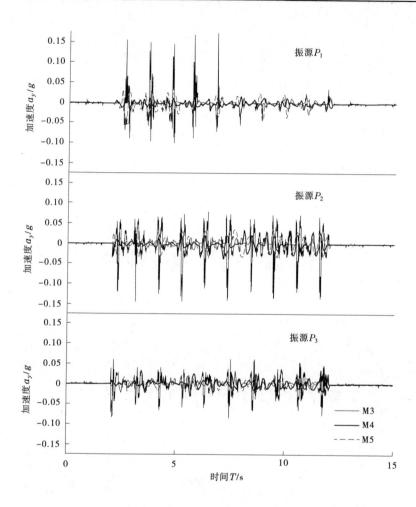

(b)y 方向

续图 5-36

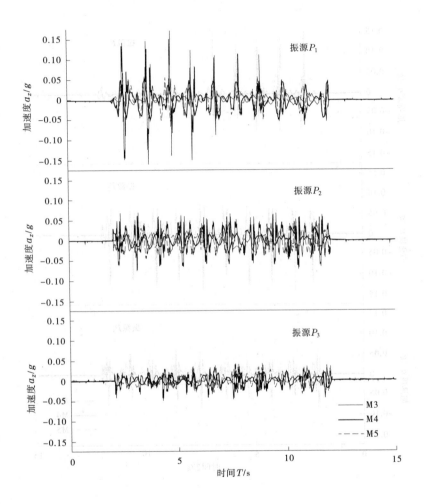

(c) z 方向

续图 5-36

2. 隔震效果评价

根据各测点的实测加速度时程曲线,对各测点的加速度峰值进行汇总,见表 5-6~表 5-8。以布置在埋深为 0.7 m 处的加速度传感器 M3 测点数据作为基准,将其余各点测得的加速度分别与对应室内外基准点测得的加速度相除,得到的系数定义为加速度折减系数 β。β 越小,表示减隔震效果越好。图 5-37 统计了三个测点三向(x、y、z)的峰值加速度与振源距离之间的关系,以及折减系数随振源距离的变化情况。可以看出,土工袋垫层地基结构和现场原位壤土地基结构中的峰值加速度基本均随着振源与试验点之间距离的增大而逐渐减小;在同一振源条件下,土工袋地基结构中各向的峰值加速度均小于壤土地基结构中的峰值加速度。

此外,从图 5-37 中的加速度折减系数与振源距离之间的关系可以发现,随着振源与试验点之间距离的增大,土工袋地基结构与壤土地基结构中的加速度折减系数也均表现出逐渐增大的规律,且土工袋地基结构中的各向加速度折减系数均小于壤土地基结构中的加速度折减系数。再次证实:在振动波向上部结构传递的过程中土工袋垫层能够耗散一部分能量,具有较好的减隔震效果。

表 5-6　加速度峰值(x 向)

振源	距离/ m	峰值加速度/g			加速度折减系数	
		M3	M4	M5	土工袋	回填土
P_1	0	-0.185 73	+0.046 04	+0.103 95	0.248	0.560
P_2	1.1	-0.094 77	+0.053 81	+0.062 69	0.568	0.662
P_3	2.3	+0.045 51	-0.035 98	+0.045 15	0.791	0.992

表 5-7　加速度峰值 (y 向)

振源	距离/ m	峰值加速度/g			加速度折减系数	
		M3	M4	M5	土工袋	回填土
P_1	0	+0.252 25	+0.022 28	-0.053 37	0.088	0.212
P_2	1.1	-0.143 99	-0.034 58	+0.035 60	0.240	0.247·
P_3	2.3	-0.085 05	-0.027 86	-0.034 08	0.328	0.401

表 5-8　加速度峰值 (z 向)

振源	距离/ m	峰值加速度/g			加速度折减系数	
		M3	M4	M5	土工袋	回填土
P_1	0	+0.176 76	+0.054 08	+0.057 97	0.306	0.328
P_2	1.1	-0.074 11	-0.044 85	+0.049 19	0.605	0.664
P_3	2.3	-0.049 15	-0.029 36	+0.045 37	0.597	0.923

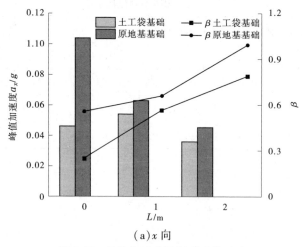

(a) x 向

图 5-37　峰值加速度及折减系数对比

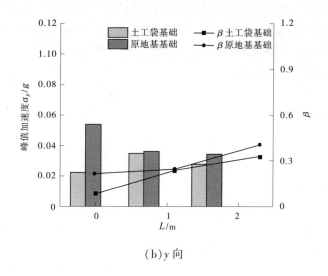

(b) y 向

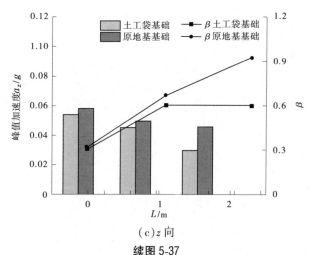

(c) z 向

续图 5-37

综上可见,在相同的激振力作用下,经过土工袋垫层处理过地基的三向(x、y、z)峰值加速度均小于未被处理过的壤土地基,相应的土工袋垫层处理地基的三向峰值加速度折减系数均小于原位壤土地基,表明经过土工袋垫层处理的地基具有较好的减隔震效果。

因此，采用土工袋垫层这种新型减隔震技术，在控制普通农村民居建造成本的前提下，有望较大程度地提高房屋结构的整体抗震能力，在实际地震来临之际能够保障民居免遭严重损失，是一项具有推广应用前景的减隔震实用技术。

参考文献

[1] 日本免震构造协会. 图解隔震结构入门[M]. 叶烈平, 译. 北京: 科学出版社, 1998.

[2] 周福霖. 工程结构减振控制[M]. 北京: 地震出版社, 1997.

[3] 唐家祥, 刘再华. 建筑结构基础隔震[M]. 台北: 淑馨出版社, 1997.

[4] 武田寿一. 建筑物隔震防振与控振[M]. 纪晓惠, 陈良, 鄢宁, 译. 北京: 中国建筑工业出版社, 1997.

[5] Mauro SASSU, Christian RICCI. An Innovative Distributed Base-isolation System for Masonry Buildings: The Reinforced Cut-Wall. 2000, 12th World Conference on Earthquake.

[6] 中村太郎. 地震动ュネルキ一の吸收设备に就ムュ. 建筑杂志, 昭和 2 年.

[7] 冈隆一. 免震基础に对ちゐ一考察. 建筑杂志, 昭和 3 年.

[8] 张鹏程, 赵鸿铁, 薛建阳, 等. 中国古建筑的防震思想[J]. 世界地震工程, 2001, 17(4): 1-6.

[9] 姚侃, 赵鸿铁. 木构古建筑柱与柱础的摩擦滑移隔震机理研究[J]. 工程力学, 2006, 23(8): 127-131, 159.

[10] 李立. 建筑物的滑动隔震: 隔震技术的研究与应用[M]. 北京: 地震出版社, 1991: 23-31.

[11] 刘斯宏. 土工袋技术原理与实践[M]. 北京: 科学出版社, 2017.

[12] Matsuoka H, Liu S H. A new earth reinforcement method using soilbags[M]. Taylor & Francis/Balkema, the Netherlands, 2006.

[13] 中华人民共和国住房和城乡建设部. 建筑地基基础设计规范: GB 50007—2011[S]. 北京: 中国建筑工业出版社, 2012.

[14] Moghaddas Tafreshi S N, Rahimi M, Dawson A R, et al. Cyclic and post-cycling anchor response in geocell-reinforced sand[J]. Canadian Geotechnical Journal, 2019, 56(11): 1700-1718.

[15] Karg C, François S, Haegeman W, et al. Elasto-plastic long-term behavior of granular soils: Modelling and experimental validation[J]. Soil Dynamics and

Earthquake Engineering, 2010, 30(8): 635-646.

[16] Hicks R G. Factors influencing the resilient properties of granular materials[M]. University of California, Berkeley, 1970.

[17] Hardin B O, Drnevich V P. Shear modulus and damping in soils: design equations and curves[J]. Journal of the Soil mechanics and Foundations Division, 1972, 98(7): 667-692.

[18] Seed H B, Wong R T, Idriss I M, et al. Moduli and damping factors for dynamic analyses of cohesionless soils[J]. Journal of geotechnical engineering, 1986, 112 (11): 1016-1032.

[19] Konno T, Hatanaka M, Ishihara K, et al. Gravelly soil properties evaluation by large scale in-situ cyclic shear tests[C]// Ground Failures under Seismic Conditions. ASCE, 1994: 177-200.

[20] Xu D S, Liu H B, Rui R, et al. Cyclic and post cyclic simple shear behavior of binary sand-gravel mixtures with various gravel contents[J]. Soil Dynamics and Earthquake Engineering, 2019, 123: 230-241.

[21] 展猛, 王社良, 刘军生. 不同预留滑移量下摩擦滑移隔震框架地震反应[J]. 哈尔滨工业大学学报, 2016, 48(6): 105-110.

[22] 杨成, 陈云羿, 廖伟龙, 等. 基于弹塑性限位装置的基础隔震建筑地震碰撞行为[J]. 建筑结构学报, 2021, 42(10): 67-75.

[23] Cundall P A, Strack O D L. A discrete numerical model for granular assemblies [J]. Geotechnique, 1979, 29(1):47-65.

[24] 王泳嘉, 邢纪波. 离散单元法及其在岩土力学中的应用[M]. 沈阳: 东北工学院出版社, 1991.

[25] 魏群. 散体单元法的基本原理数值方法及程序[M]. 北京: 科学出版社, 1991.

[26] Roark R J. Formulas for stress and strain(4th ed.)[M]. New York: McGraw-Hill, 1965:319-321.

[27] 刘斯宏, 卢廷浩. 用离散单元法分析单剪试验中粒状体的剪切机理[J]. 岩土工程学报, 2000, 22(5): 608-611.

[28] Liu S H, Matsuoka H. Microscopic interpretation on a stress-dilatancy relationship of granular materials[J]. Soils and foundations, 2003, 43(3): 73-84.

[29] Chen H, Liu S H. Slope failure characteristics and stabilization methods[J]. Canadian Geotechnical Journal, 2007, 44(4): 377-391.

[30] Mindlin R D, Deresiewicz H. Elastic spheres in contact under varying oblique forces[J]. Journal of Applied Mechanics. 1953, 20, 327-344.

[31] Lu M, McDowell G R. Discrete element modelling of railway ballast under monotonic and cyclic triaxial loading[J]. Géotechnique, 2010, 60(6): 459-467.

[32] Rothenburg L, Bathurst R J. Micromechanical features of granular assemblies with planar elliptical particles[J]. Géotechnique, 1992, 42(1): 79-95.

[33] Jia F, Cheng H, Liu S, et al. Elastic wave velocity and attenuation in granular material[C]//EPJ Web of Conferences. EDP Sciences, 2021, 249: 11001.

[34] O'donovan J, O'sullivan C, Marketos G, et al. Analysis of bender element test interpretation using the discrete element method[J]. Granular Matter, 2015, 17 (2): 197-216.

[35] 郝召兵, 秦静欣, 伍向阳. 地震波品质因子 Q 研究进展综述[J]. 地球物理学进展, 2009, 24(2): 375-381.

[36] 中华人民共和国水利部. 土工试验规程: SL/T 237—1999 [S]. 北京: 中国水利水电出版社, 1999.

[37] 范刚, 张建经, 付晓, 等. 传递函数在场地振动台模型试验中的应用研究 [J]. 岩土力学, 2016, 37(10): 2869-2876.

[38] 蒋良潍, 姚令侃, 吴伟, 等. 传递函数分析在边坡振动台模型试验的应用探讨[J]. 岩土力学, 2010, 31(5): 1368-1374.

[39] 张敏政. 地震模拟实验中相似律应用的若干问题[J]. 地震工程与工程振动, 1997(2): 52-58.

[40] 李福秀, 吴志坚, 严武建, 等. 基于振动台试验的黄土塬边斜坡动力响应特性研究[J]. 岩土力学, 2020, 41(9): 2880-2890.

[41] 王志华, 陈国兴, 周恩全. 重型设备-桩箱基础-砂卵石地基体系动力稳定性振动台试验[J]. 工程力学, 2013, 30(2): 196-202.

[42] YOUD T L, GARRIS C T. Liquefaction-induced ground surface disruption[C]// Proc. 5th U. S. Japan Workshop on Earthquake Resistant Des. of Lifeline Facilities and Countermeasures for Soil Liquefaction. Buffalo: National Center for Earthquake Engineering Research, 1994: 27-40.

[43] MITCHELL J K, WENTZ F J. Performance of improved ground during the Loma-Prieta Earthquake[R]. University of California, 1991.

[44] HAUSLER E A, SITAR N, Performance of soil improvement techniques in earthquakes[DB/OL]. http://nisee. berkeley. edu/archives/hausler/casehistories.

html, 2001-01-10.

[45] BENNETT M J. Sand boils and settlement on Treasure Island after the earthquake
[J]. U. S. Geological Survey Professional Paper, 1998, 1551(B), 121-129.

[46] HAUSLER E A, SITAR N. Performance of soil improvement techniques in earth-
quakes[C]//Fourth International Conference on Recent Advances in Geotechni-
cal Earthquake Engineering and Soil Dynamics,2001: 10-15.

[47] MURUGESAN S, RAJAGOPAL K. Geosynthetic-encased stone column Numerical
evaluation[J]. Geotextiles and Geomembranes, 2006, 24(6): 349-358.

[48] 刘汉龙. 一种抗液化排水刚性桩: 中国, CN2873886Y[P]. 2007-02-28.

[49] 王余庆, 孙建生. 砾石排水桩与地面压重的抗液化效果[J]. 岩土工程学报,
1985, 7(4): 34-44.

[50] 吴永娟. 碎石桩加固不同密实度液化砂土的振动台试验研究[D]. 太原: 太
原理工大学, 2009.

[51] 苏栋, 李相崧. 地震历史对砂土抗液化性能影响的试验研究[J]. 岩土力学,
2006, 27(10): 1815-1818.

[52] 樊科伟, 刘斯宏, 廖洁, 等. 袋装石土工袋剪切力学特性试验研究[J]. 岩土
力学, 2020, 41(2): 477-484.

[53] 中华人民共和国住房和城乡建设部, 中华人民共和国国家质量监督检验检
疫总局. 建筑抗震设计规范: GB 50011—2010[S]. 北京: 中国建筑工业出
版社, 2010.

[54] 刘斯宏, 王艳巧, 胡晓平, 等. 一种土工袋减震隔震建筑基础及其施工方法
和应用: CN101914922A[P]. 2010.

[55] 中华人民共和国住房和城乡建设部. 建筑基坑支护技术规程: JGJ 120—2012
[S]. 北京: 中国建筑工业出版社, 2012.

[56] 龚晓南. 桩基工程手册[M]. 北京: 中国建筑工业出版社, 2016.

[57] Ansari Y, Merifield R, Yamamoto H, et al. Numerical analysis of soilbags under
compression and cyclic shear[J]. Computers and Geotechnics, 2011, 38(5):
659-668.

[58] Wang Y Q, Li X, Liu K, et al. Experiments and DEM analysis on vibration re-
duction of soilbags[J]. Geosynthetics International, 2019, 26(5): 551-562.

[59] Cheng H, Yamamoto H, Thoeni K. Numerical study on stress states and fabric
anisotropies in soilbags using the DEM[J]. Computers and Geotechnics, 2016,
76: 170-183.

[60] 贾凡, 刘斯宏, 程宏旸. 弹性波穿越土工袋的传播规律初探[J/OL]. 河海大学学报(自然科学版): 1-9[2022-08-04].

[61] Yamamoto H, Cheng H. Development study on device to reduce seismic response by using soil-bags assembles[J]. Research, development and practice in structural engineering and construction, Perth, 2012: 597-602.

[62] 陈爽, 鲁洋, 刘斯宏, 等. 土工袋单元体循环剪切特性试验[J]. 河海大学学报(自然科学版), 2022, 50(2): 98-104.

[63] Fan K, Liu S H, Cheng Y P, et al. Effect of infilled materials and arrangements on shear characteristics of stacked soilbags[J]. Geosynthetics International, 2020, 27(6): 662-670.

[64] 刘斯宏,高军军,王子健,等. 土工袋技术在市政沟槽回填中的应用研究[J]. 岩土力学, 2014,35(3): 765-771.

[65] Matsuoka H, Liu S H. A new earth reinforcement method using soilbags[M]. Taylor & Francis/Balkema, the Netherlands, 2006.

[66] Sheng T, Bian X C, Liu G B, et al. Experimental study on the sandbag isolator of buildings for subway-induced vertical vibration and secondary air-borne noise[J]. Geotextiles and Geomembranes, 2020, 48(4): 504-515.

[67] 中华人民共和国住房和城乡建设部. 城市轨道交通引起建筑物振动与二次辐射噪声限值及其测量方法标准[M].北京:中国建筑工业出版社, 2009.

[68] 娄宇,黄健,吕佐超. 楼板体系振动舒适度设计[M]. 北京:科学出版社, 2012:53,63.

[69] 松岗元,山本春行,野本太. D. Box 工法の设计・施工の基础[M]. 东京:森北出版株式会社,2020.

[70] Cheng H Y,Yamamoto H,Jin S H,et al. Soil reinforcement using soilbags-A preliminary study on its static and dynamic properties. Geotechnics for Sustainable Development-Geotec Hanoi 2013, Phung (edt). Construction Publisher.

[71] 尚守平,周浩,朱博闻,等. 钢筋沥青隔震层实际工程应用与推广[J]. 土木工程学报, 2013,(S2):7-12.